光谱技术在农作物/农产品信息无损检测中的应用

孙　俊　著

东南大学出版社

SOUTHEAST UNIVERSITY PRESS

·南京·

内 容 简 介

本专著系统地介绍了光谱技术及其预处理算法、特征选取方法,并在此基础上,分析了国内外的最新研究进展,重点展示了光谱等技术在农业上的应用情况。本专著是多个国家自然科学基金项目、省自然科学基金项目、农业部重点实验室开放课题研究成果的展现,实现了理论与应用的结合。本专著共包含 14 章,其中第 1 章概述介绍了光谱技术在农作物/农产品信息检测中应用的现状;第 2 章至第 5 章介绍了光谱预处理算法、光谱特征选取方法及定性、定量分析方法;第 6 章至第 14 章分别介绍了光谱技术在水稻、生菜、桑叶、大米、鸡蛋、红豆、烟草、玉米、油麦菜等农作物/农产品对象信息检测中的应用实例。

图书在版编目(CIP)数据

光谱技术在农作物/农产品信息无损检测中的应用/孙俊著. —南京:东南大学出版社,2017.6
 ISBN 978-7-5641-7169-8

Ⅰ. ①光… Ⅱ. ①孙… Ⅲ. ①光电子技术—信息技术应用—作物—无损检验 ②光电子技术—信息技术—应用农产品—无损检验 Ⅳ. ①S31 ②S37

中国版本图书馆 CIP 数据核字(2017)第 113651 号

光谱技术在农作物/农产品信息无损检测中的应用

出版发行	东南大学出版社
出 版 人	江建中
社 址	南京市四牌楼 2 号
邮 编	210096
经 销	全国各地新华书店
印 刷	虎彩印艺股份有限公司
开 本	700 mm×1000 mm 1/16
印 张	14
字 数	296 千字
版 次	2017 年 6 月第 1 版
印 次	2017 年 6 月第 1 次印刷
书 号	ISBN 978-7-5641-7169-8
定 价	50.00 元

(本社图书若有印装质量问题,请直接与营销部联系。电话:025-83791830)

前　言

随着科学技术的发展,光谱技术已经成为当前的一项高新技术。伴随光谱分析仪器的日益更新,光谱分析处理技术的快速发展,光谱技术的应用也越来越广,并得到了广大学者和研究人员的关注。

本专著所涉及的光谱包括可见光光谱、近红外光谱、荧光光谱等,共包含14章,其中第1章概述介绍了光谱技术在农作物/农产品信息检测中应用的现状;第2章～第5章介绍了光谱预处理算法、光谱特征选取方法及定性、定量分析建模方法;第6章～第14章分别介绍了光谱技术在水稻、生菜、桑叶、大米、鸡蛋、红豆、烟草、玉米、油麦菜等农作物/农产品对象信息检测中的应用实例。

本专著大部分内容是我们科研团队在多个国家自然科学基金项目、省自然科学基金项目、农业部重点实验室开放课题资助下取得的研究成果,涉及的领域包括农作物品种及内部信息检测、农产品品种及品质检测等。

本专著是课题组多年研究成果的积累,感谢毛罕平教授一直以来对课题组科研工作的指导与帮助,感谢张晓东、武小红、倪纪恒、李青林、羊一清、杨宁、朱文静等老师的合作支持,感谢金夏明、董梁、张梅霞、王艳、卫爱国、蒋淑英、张国坤、周鑫、刘彬、路心资、丛孙丽、唐凯等研究生对相关课题研究及本书撰写所做的贡献。

鉴于信息技术特别是光谱技术发展快速,信息知识更新较快,作者及课题组所掌握的专业技术、知识会存在一定的局限,本专著中的内容难免存在不足之处,敬请各位专家、同行、读者批评指正,在此,对各位的大力支持深表谢意。

编　者

2017 年 2 月

目　录

1 概述

随着科学技术的发展,以光谱及电特性为主流的无损检测技术已经得到了广大学者和研究人员的关注。目前,已有大量的文献研究报道了光谱及电特性技术在农作物/农产品信息检测中的应用。本章将概述光谱及电特性技术在农作物/农产品信息检测中的发展应用。

1.1 农作物/农产品信息的光谱技术检测

目前,光谱技术在农作物/农产品信息检测中的应用主要集中在品种分类、水分定量分析、农药残留定性与定量分析以及相关品质分析等方面。为此,本节将对这些应用发展、前景进行概述。

1.1.1 光谱技术在农作物检测中的应用

光谱遥感技术具有快速、简便、较精确、非破坏性的特点,在探测作物理化参量和水分等方面得到广泛的应用。目前,国内外对作物氮素营养、水分的无损监测与探测的研究主要集中在叶片光谱诊断、遥感光谱诊断等方面。

叶片光谱分析能克服常规化学分析的弊端,它具有非破坏性、分析时间短、不需要化学药品、操作简单、自动化程度高等优点。叶片光谱不像冠层光谱要受冠层形态、观测和辐射几何角度、土壤背景以及测量环境等诸多因素的影响,可以获得相对理想的实验数据。叶片的光谱特征与叶片氮素含量和植物营养状况密切相关,通过分析研究植物叶片光谱的特征,为运用遥感手段估算植物生化组成及含量提供依据(Vogelmann,1993;Gitelsons,et al,1996;唐延林等,2003)。

作物冠层是一个复杂的组织体系,作物冠层光谱除了受冠层主要组分叶片的内部生化成分和纹理结构的影响,还受冠层叶片及其他组分的角度、密度和背景等的影响;冠层水平作物光谱的观测不像单一叶片的光谱测定可以在室内控制条件下进行,它容易受观测地点和日期的天气情况(风、云、太阳高度角等)影响。

1)作物氮素营养的遥感光谱诊断

作物氮素营养光谱无损检测是基于作物叶片或其他器官组织体内的不同氮化合物形态对不同光谱波段的特征性吸收、反射或透射规律,利用遥感传感器,获取作物的特征光谱信息,并分析处理这些信息,进而判断氮素营养状况。作物氮营养缺乏和过剩会引起作物生理特性、形态特征的改变,从而引起作物对光谱的反射特性发生改变。作物氮素营养的叶片光谱诊断和光谱遥感诊断,便是基于作物的反射光谱特性会因作物氮营养水平变化而变化的原理来进行的(田永超等,2007)。

　　20 世纪以来,诸多国外学者进行了一些相关研究。Filella 等(1995)研究发现作物在较高的含氮水平下,在蓝色和近红外波谱段有较强的反射率,而在较低含氮水平下,作物在红色波段的反射率较高。Wood 等(2003)利用冠层大小(绿色面积指数 GAI 或群体密度 P)来指示变量施肥。Lukina 等(2001)根据产量与籽粒氮含量的相关关系预测最终的籽粒氮吸收量,从而根据籽粒氮吸收量与植株氮吸收的差值结合氮素利用率来预测施氮量。Everitt 等(1987)发现 500～750 nm 反射率与植物叶片氮含量具有很高的相关性,提出 550～600 nm 与 800～900 nm 反射率的比值可以用于监测植物氮素状况。Stone(1996)提出用基于 671 nm 和 780 nm 两波段反射率组合的植株—氮—光谱指数来估算小麦植株的全氮含量。Ciganda 等(2009)研究了一种快速、无损检测玉米叶片和冠层中叶绿素含量的模型,发现在红边区域(720～730 nm)和近红外区域(770～800 nm)范围内的光谱数据对玉米叶绿素含量具有较好的预测能力。Kokaly(2001)采用干树叶 2 054 nm、2 172 nm 两个特征波段作光谱反射率逐步回归研究含氮量。Johnson(2001)针对多种植物的鲜叶,研究近红外光谱与叶子含氮量的关系;Fitzgerald 等(2010)研究了将小麦冠层氮素指数 CNI 和叶绿素指数 CCCI 联合建模的方法,使得模型决定系数 R^2 达到了 0.97,均方根误差 RMSE 达到了 0.65。Ranjan 等(2012)研究了小麦的 5 种光谱指数(GNDVI,NDCI,ND705,RI-1 dB 和 VOGa)与小麦叶片氮素含量之间的关系,并利用这 5 个指数建立小麦叶片氮素含量预测模型,取得了较好的效果。以上文献表明,作物氮素等营养状况与作物的光谱信息存在着相关关系。

　　我国学者也逐步开展了高光谱遥感技术研究与应用。王纪华等(2004)研究了田间条件下冬小麦主要生育阶段冠层氮素、叶绿素的垂直分布及其光谱响应。薛利红等(2003)研究发现,水稻叶片氮积累量(单位土地面积上的叶片氮总量)与 810 nm 和 560 nm 两波段的比值在整个生育期内都呈极显著线性正相关。王秀珍等(2002)将微分光谱应用于农学参数测定,存在红边位移的现象,红边参数与上层叶片的叶绿素含量、LAI 有着密切的关系,而与叶片中的叶绿素 b、类胡萝卜素之间相关性不明显。吕雄杰等(2004)研究了水稻冠层光谱特征及其与 LAI 的关系,研究结果表明:随着施氮量的增加,在近红外部分(710～1 220 nm),冠层光谱反射率随着施氮水平的提高而升高,而在可见光部分(460～680 nm),水稻冠层的光谱反射率反而逐渐降低。李映雪等(2006)发现冠层光谱反射率在不同施氮水平下存在明显差异,近红外区域若干相邻波段和可见光波段组成的比值植被指数与单位土地面积上叶片氮积累量的相关关系均表现较好。冯雷等(2006)利用光谱技术分析不同养分水平的油菜在生长过程中的光谱反射特征,研究发现油菜植被指数与叶绿素仪所显示数值间的线性相关系数 r 可以达到 0.927。张金恒等(2004)采用 525~605 nm、505~655 nm 作为特征波段,研究水稻第一和第三完全展开叶的光谱反射率与叶片含氮量的关系。张晓东等(2009)对油菜氮素与冠层光谱进行了定量分析,并对水分胁迫及光照影响的修正方法进行了基础研究。杨玮等(2013)采用灰度关联分析法对北京海淀区冬枣园中的冬枣叶片光谱反射率与其氮素值进行了研究,发现冬枣叶片氮素值跟 560 nm、678 nm 和 786 nm 波长下光谱反射率的关系最密切。任鹏等(2014)研究了在低温胁迫条件下冬小麦光谱的一些响应特性,通过对 4 个低温胁迫处理下冬小麦冠层光谱特性的研究,发现冬小麦冠层光谱受低温胁迫反应灵敏,且红边参数受低温胁迫的影响较大。

作为光谱技术的一部分,可见光遥感技术应用于作物生长状况和营养状况诊断近年来有了新的进展(马亚琴等,2003;王渊等,2008;浦瑞良和宫鹏,2000)。Blackmer 等(1994)报道应用航空拍摄技术获取玉米的冠层图像,发现红、绿、蓝三色光都与玉米的产量达到了极显著的线性正相关关系。Jia 等(2004)利用数码相机获取冬小麦拔节期的真彩色图像,并得出绿光值与冬小麦叶片的 SPAD 值存在极显著的线性负相关关系。Zhang 等(2013)利用可见光-近红外高光谱图像反演油菜叶片的氮、磷、钾含量及分布,测试结果表明利用高光谱图像无损检测作物营养元素是可行的。毛罕平等(2005)利用计算机视觉技术结合神经网络实现了番茄中各营养元素亏缺情况的识别。Ulissi 等(2011)利用可见-近红外光谱技术检测番茄中的氮素含量。由于获取冠层可见光光谱的数码相机价格不断下降而性能不断提高,数字图像处理技术的不断发展,也使得这一技术的应用前景比较乐观。

2) 作物水分的遥感光谱诊断

水分是植物生长发育的一个重要限制因子,也是作物产量的重要影响因素。Ceccato 等(2002)使用短波红外波段(1.3~3.0 μm)和近红外波段(0.7~1.3 μm)的比值估测的植被含水量准确率较高。Dobrowski 等(2005)发现,690 nm 和 740 nm 处的冠层光谱能够反映植株的水分胁迫状态。Rodriguez 等(2007)认为,小麦冠层温度及光谱特性能够作为植株的氮素和水分状态诊断的依据。以上文献表明,作物水分状况与作物的冠层、叶片光谱之间存在着相关关系。

王纪华、赵春江(2000)发现 1 450 nm 附近的光谱反射率强吸收特征可敏感地反映叶片的含水状态,而 1 650~1 850 nm 之间特征吸收峰可间接地反映小麦水分状态。冯先伟、陈曦等(2004)采用比值反射率对反射光谱 1 300~1 500 nm 波段范围内最小值与棉花叶片的含水量作相关分析,达到极显著水平。田永超等(2004)研究了不同土壤水条件下,小麦冠层光谱反射特性与叶片和植株水分状况的相关性,结果表明植株含水率与 560～1 480 nm 波段范围内光谱反射率相关性均达到极显著水平。吉海彦等(2007)在 1 400～1 600 nm 范围内,测量冬小麦叶片的反射光谱,用偏最小二乘法建立了水分含量与反射光谱的模型。毛罕平等(2008)对葡萄和油菜水分胁迫的光谱特征进行了研究,利用主成分回归法建立了叶片含水率的预测模型。孙俊等(2013)利用高光谱图像技术来预测生菜中的水分含量,取得了一定的效果。Jin 等(2015)通过高光谱图像技术对花生仁中的水分含量进行检测,建立了偏最小二乘回归(PLSR)定量模型,最佳预测决定系数为 0.91。李丹等(2014)在高光谱成像技术的基础上,采用 PLSR 对小黄瓜进行特征波长选择,建立了偏最小二乘水分预测模型,预测集相关系数为 0.9(即决定系数为 0.81)。刘燕德等(2016)利用高光谱成像技术结合 PLSR 模型对脐橙叶片的水分进行定量分析,预测集相关系数达到 0.91(即决定系数为 0.83)。田喜等(2016)通过提取玉米籽粒全表面和胚结构区域的高光谱信息,建立并比较不同特征筛选方法下的PLSR 模型对玉米籽粒水分含量的预测效果,结果最佳预测相关系数达到 0.922 7(即决定系数为 0.85)。

1.1.2　光谱技术在农作物农药残留检测中的应用

近年来,基于光谱分析法的无损检测技术被广泛应用到农作物的农药残留检测领域,主要利用农作物对光的吸收、散射、反射和透射等特性得到光谱信息,通过光谱信息的处理和分析,从而对农作物的品质安全进行无损检测。目前用于农药残留检测领域的光谱分析法主要有:近红外光谱检测技术、荧光光谱检测技术和拉曼光谱检测技术(彭彦昆和张雷蕾,2012)等。

1) 近红外光谱检测技术

20 世纪 60 年代,近红外光谱检测技术初次应用于农产品分析。20 世纪 90 年代以后,近红外光光谱检测技术得到快速发展,被广泛应用于各个领域,至今近红外光谱法仍有很大的发展潜力和应用空间(刘翠玲等,2010)。Lourdes 等(2013)采用近红外光谱(NIRS)技术对 216 个橄榄样本中敌草隆除草剂进行了检测,所建立的偏最小二乘-判别分析建立模型预测集准确率达到了 85.9%。Xue L 等(2012)利用近红外光谱技术检测脐橙表面的敌敌畏农残,所建立敌敌畏残留预测模型的相关系数达到了 0.873 2。Sanchez 等(2010)采用近红外光谱技术实现了完整的辣椒、剁碎的辣椒和 DESIR 的辣椒有效分类,论证检测辣椒的农药残留是可行的。陈蕊等(2012)采用可见-近红外光谱技术对蔬菜表面农药残留的类别进行了分类研究,四种农药残留分类准确率达到了 82%。陈菁菁等(2010)利用 NIRS技术检测毒死蜱的质量比,分别采用 PLSR 算法和 OBDR 建立毒死蜱质量比的预测模型,其中 PLSR 模型得到的预测结果较佳,预测相关系数为 0.954。罗春生等

(2012)论证了近红外光谱技术检测芦柑表面混合农药残留(乙酰甲胺磷和毒死蜱)定量检测研究的可行性,经过 MSC 和 SNV 预处理后所建立最小二乘预测模型的预测相关系数分别达到 0.819 9 和 0.843 4。

2) 荧光光谱检测技术

20 世纪 90 年代,荧光光谱检测技术初次应用到农药残留检测领域,目前在该领域的应用还不是很普遍。荧光光谱检测技术是利用具有一定分子结构的物质被激发后能产生表征该物质性质的荧光,凭借该荧光无损检测该物质的类别和含量(吴汉福,2006)。Nicolas 等(2014)采用荧光光谱法来表征和区分 9 种多环芳香烃和 3 种农药,被测物拥有多个荧光特征峰,从而论证了荧光光谱法检测农药残留的可行性。Rubioa L. 等(2014)利用荧光光谱法检测干燥的菩提树花不同种类农药残留,结果表明,西维因、多菌灵和 α-萘酚 3 种农药的最佳检测线每亩分别是 1.61 $\mu g/L$、4.34 $\mu g/L$ 和 51.75 $\mu g/L$。L. Rubio 等(2015)通过对卷心莴苣的荧光光谱进行有效的四步平行因子分析,来实现两种氨基甲酸酯类农药西维因、多菌灵以及西维因降解物(α-萘酚)的定性分析,研究表明西维因、多菌灵、α-萘酚的回收率分别为 127.6%、125.55% 和 87.6%,对溶剂进行校准后,三种物质(西维因、多菌灵、α-萘酚)的检测限和定量限分别为 2.21 $\mu g/L$ 和 4.38 $\mu g/L$、4.87 $\mu g/L$ 和 9.64 $\mu g/L$、3.22 $\mu g/L$ 和 6.38 $\mu g/L$;在进行回收处理时,对三种物质(西维因、多菌灵、α-萘酚)的检测限和定量限分别为 5.30 $\mu g/L$ 和 10.49 $\mu g/L$、18.05 $\mu g/L$ 和 35.73 $\mu g/L$、1.92 $\mu g/L$ 和 3.79 $\mu g/L$。薛龙等(2011)利用荧光光谱技术对脐橙表皮敌敌畏农药残留进行了定量检测,结果表明荧光光谱方法可以用来检测脐橙表皮敌敌畏农药残留量。雷鹏等(2014)采用多光谱荧光图像技术实现了叶菜表面的氧乐果农药残留检测,结果表明在 190~300 nm 紫外光激发下,含有农药残留的叶菜会在 440 nm 处产生荧光,借此可无损检测氧乐果残留。

3) 拉曼光谱检测技术

目前,拉曼光谱检测技术用于农药残留检测领域还处于起步阶段,该方法基于不同种类的农药分子的振动谱和拉曼效应不同的原理鉴别农药类别。拉曼光谱的无损快速检测特性让其成为一种具有潜力的农药残留检测技术。Carlos 等(2015)通过表面增强拉曼光谱技术结合多元曲线分析算法检测西红柿和西洋李子表面马拉硫磷农药残留,研究发现非负矩阵分解结合归一化最小二乘算法(NMF-ALS)在西红柿表面马拉硫磷农药残留检测中建立模型最佳,决定系数 R^2 为 0.969 8;多元曲线校正算法结合加权归一化最小二乘算法(MCR-WALS)在西洋李子表面马拉硫磷农药残留检测中建立模型最佳,决定系数 R^2 为 0.955 2,西红柿和西洋李子表面马拉硫磷农药检测限为 0.123 mg/L。Sagar 等(2014)利用了拉曼光谱法实现了苹果表面毒死蜱农药残留检测,在激发波长为 785 nm 时,最低残留检测限为

6.69 mg/kg。张丹等(2010)利用显微激光拉曼光谱检测技术对蔬菜和水果表面农药残留进行了检测研究,研究结果表明,拉曼光谱技术能有效实现蔬菜和水果表面的农药残留的检测。李永玉等(2012)通过激光显微拉曼光谱技术对苹果表面敌百虫农药残留进行了检测研究,采用小波阈值算法对原始拉曼光谱进行预处理,并通过对不同梯度敌百虫残留下苹果拉曼光谱进行比较,研究结果表明拉曼光谱技术能有效识别苹果表面敌百虫农药残留,检测限为 4 800 mg/kg。刘文涵等(2012)论证了拉曼光谱检测红辣椒表面毒死蜱农药残留检测的可行性。

综上所述,利用近红外光谱检测技术、荧光光谱检测技术和拉曼光谱检测技术检测农副产品的农药残留是可行的,这为农药残留的无损检测提供一些思路。但也暴露出一些问题:近红外光谱检测技术的精确度和稳定性不能得到保证;荧光光谱检测技术的检测对象限制为能被激发产生荧光的农药残留,应用范围受到限制;拉曼光谱检测技术的成本高;光谱检测技术利用点采样方式采集光谱信息,该方式存在随机性和偶然性,无法获取作物叶片或水果等区域的全面信息,会对检测结果造成一定的影响。因此如何获取全面信息成为改善光谱检测技术的一个重要突破口,从而为一种新的农药残留检测技术的产生提供思路。

4) 高光谱成像检测技术

20 世纪 90 年代末,高光谱成像技术快速发展为一种新兴的无损检测技术,该技术集光谱与图像于一身,真正做到了两者的完美结合,具有波段覆盖广、空间信息全、图谱合一等技术优势。高光谱图像是一种数据"立方块",具有三维的数据空间结构,由空间两维和光谱维两个方面构成。高光谱成像技术综合成像技术与光谱技术优势,改善了光谱技术随机性强、误差较大、信息缺乏全面性的不足,弥补了成像技术因信息诊断波段来源较少而识别精度低的缺陷。因此利用高光谱成像技术精确、及时、全面、无损检测农药残留具有重大理论意义和实践应用价值。

目前,国内外已有部分研究人员在高光谱成像技术的应用上展开了一些研究,并取得了一定的研究成果。其中,大量的研究主要集中在对农副产品的品质检测中,而关于研究农作物农残的报告相对较少。Rajkumar 等(2012)采用高光谱图像检测技术实现了香蕉中的水分、可溶性固体物和硬度这 3 个指标检测研究,其中所建立的多元线性回归预测模型对这三个指标的预测集决定系数分别为0.85、0.87和 0.91。U. Siripatrawan 等(2015)利用高光谱图像技术和 PLS 算法建立了糙米真菌生长监控系统,模型的决定系数为 0.97,预测均方根误差为0.39log(CFU/g)。Kamruzzaman 等(2012)论证了高光谱图像技术实现羊肉品质参数可视化的可行性。孙俊等(2014)利用高光谱图像技术对生菜叶片中氮素含量进行了检测研究,研究结果表明高光谱图像技术能有效获取生菜叶片光谱敏感波长,建立氮素含量预测模型。He 等(2014)利用高光谱图像技术实现了三文鱼肉片硬度检测研究,所建立的偏最小二乘支持向量机(LS-SVM)预测模型的相关系数 R_p 为 0.905,均方根误差 RMSEP 为 1.089。

以上研究报告均是关于利用高光谱图像技术对农副产品的品质进行检测的,而目前关于高光谱图像技术在蔬菜和水果的农药残留检测方面的研究相对较少,尤其在农作物的农药残留检测方面。

刘民法等(2014)采用近红外高光谱成像技术对长枣表面的农药残留的类别进行了分类研究,所建立的偏最小二乘和线性判别分析分类模型鉴别正确率分别达到 88.75% 和 90%,研究表明高光谱成像技术鉴别长枣表面农残的类别是可行的。张令标等(2014)采用可见-近红外高光谱成像技术对番茄表面的农药残留进行了定量检测研究分析,结果表明预测模型能较好地定量分析较高浓度农药残留量,而对较低浓度农药的预测正确率不能满足农药残留检测的要求。Christian Nansen等(2010)论证了高光谱成像技术实现玉米叶子中杀螨剂检测的可行性。Li J 等(2010)采用高光谱成像技术对含有不同敌敌畏残留量的橙子进行无损检测研究,所建立的 PLS 回归预测模型测试集的相关系数和均方根误差分别为 0.832 和 1.341 6,结果表明,高光谱成像技术能用来无损检测水果表面的农药残留。索少增等(2011)采用高光谱图像技术对梨表面的农药残留进行了检测研究,结果表明,高光谱图像技术可较好地检测梨表面的农药残留,但对含量低的农残检测效果欠佳。薛龙等(2008)利用高光谱图像技术对脐橙表面农药残留进行了定量检测研究,结果表明,高光谱图像技术检测高浓度农药残留效果较好。以上研究结果均说明高光谱图像技术用于无损检测农药残留是可行的。

1.2 农作物/农产品信息的电特性技术检测

介电特性检测技术主要是指应用仪器测量不同物体对应的介电特性参数(包括电阻、电容、电感及其衍生的一些电学特性)。由于不同物体拥有独特成分、状态和结构等,对应的介电特性参数亦不同,因此可从这些差异中检测出不同物体的结构及内部信息。

由于不同材料的物体对应的介电特性参数(相对介电常数 ε' 及介电损耗因子 ε'')不同,这为应用介电特性参数检测物体内部生理信息提供了可靠的理论依据。应用介电特性检测技术可测量物体内部生理信息,达到无损检测的目的。目前,介电特性技术应用于很多领域,一般用于水果品质检测、谷类含水率的检测及叶片的含水率检测等方面。

1.2.1　介电特性技术在水果品质检测中的应用

近几年,随着介电特性技术的发展,基于介电特性的水果品质的无损检测受到了国内外众多学者的关注。

Murat Sean McKeown 等(2012)研究基于介电特性的维达利亚洋葱水分检测。文中测量 8%～91%水分含量的维达利亚洋葱的介电特性,分析频率和水分含量对介电特性的影响。结果表明高频下水分含量与介电常数呈线性相关。马晓明等(2012)测量了宁夏灵武长枣糖、酸度及贮藏过程中品质变化相关的介电参数,对测量数据进行分析和曲线拟合。结果表明,贮藏过程中宁夏灵武长枣的糖、酸度变化与介电参数存在一定的相关性;随着枣果贮藏新鲜度的降低,损耗系数和导纳均呈下降趋势,并具有显著相关性。边红霞等(2013)研究了常温贮藏时间对红地球葡萄介电特性参数的影响。结果表明,常温下贮藏时间对红地球葡萄的介电特性参数影响较大,且其介电特性参数与电场频率有显著相关性。在同一加载频率下,随贮藏时间的延长,红地球葡萄的复阻抗值和品质因数减小,并联等效电容、损耗因子和电导值增大。蔡骋等(2013)研究基于介电特征选择的苹果品质无损分级。利用苹果的 12 种介电特性参数(每种介电特性参数拥有 9 个频率点)进行分析筛选,以获取用于苹果无损分级的最少介电特征。基于贪心选择法、基于快速聚类的特征子集选择法、稀疏主成分分析法和以信息增益为评价函数的属性排序法共 4 种方法选择关键介电特征。结果显示,当选择了 10 种介电特征时,其分级正确率为 95.95%,该研究为水果等农产品的品质与病虫害快速无损检测等提供参考。Anna Angela Barba 等(2013)研究温度和含水率对菠萝介电性能的影响。通过测定菠萝介电特性参数,分析其随温度和含水率的变化规律,并建立了菠萝含水率与介电特性之间的关系模型。商亮等(2013)探索利用果品的介电特性无损预测内部品质的可能性,利用网络矢量分析仪测量油桃的介电特性参数,以糖度作为内部品质指标,利用连续投影算法(SPA)筛选出特征变量,并应用极限学习机模型算法进行建模,建立油桃的介电特性参数与油桃糖度的最佳模型。结果表明,连续投影算法结合极限学习机预测效果最好(预测相关系数为 0.887,预测均方根误差为 0.782),与全频谱和无信息变量消除法相比,连续投影算法在简化模型及提高模型稳定性方面性能良好。AI Zia 等(2013)应用 MEMS 传感器得到水果的电化学阻抗谱,根据分析电化学阻抗谱、水、果汁邻苯二甲酸酯之间的关系,并建立关系模型。郭晓丹等(2014)研究基于介电特性的枣果品质识别。以灵武长枣为研究对象,利用 LCR 测量仪测定长枣的介电特性参数,分析不同大小等级、不同颜色、不同形状及损伤与否等枣果品质因素与对应的介电特性参数之间的关系。研究表明,这些因素均可在特定的测量频率下进行识别,基于介电特性的枣果品质识别是可行的。

从以上文献可以看出,影响水果介电特性参数的因素包括测量频率、测量温度、水果内部结构等,而且,利用介电特性技术检测水果品质是可行的,这为水果品质无损检测提供了一些思路。

1.2.2 介电特性技术在粮食含水率检测中的应用

粮食安全是关系社会稳定和国家安全的全局性战略问题。粮食安全包括生产和储存方面,而在粮食的储存过程中往往因粮食含水率过高,造成储存过程中的粮食发热、霉变等问题,对粮食安全造成严重的威胁。近几年,随着介电特性技术的发展,基于介电特性的粮食品质的无损检测受到了国内外众多学者的关注。

徐广文等(1995)从分析介电特性的机理出发,分析介电特性在粮食物性检测中的应用。以小麦为例,通过烘干的小麦,其相对介电系数为3～5,这表明尽管淀粉、蛋白质等是有极分子,但它们表现的极性很弱。而水的相对介电系数高达81,显然影响粮食介电特性的主要因素应是粮食中的游离水分,这为通过对介电特性的测定而确定粮食含水量提供了理论根据。Jasim Ahmed 等(2008)利用介电特性参数对大豆蛋白质进行分析,研究表明,大豆的介电特性受测量温度、pH 及含水率影响,并根据这些影响关系,建立了测量温度、大豆含水率、pH 与介电特性参数的关系模型。Kamil Sacilik 等(2010)通过对玉米种子介电特性参数测量,发现玉米种子介电特性受测量密度、含水率的影响,并建立了玉米种子介电特性参数与测量频率、含水率之间的关系模型。WC Guo 等(2010)研究鹰角豆介电特性参数与测量频率、测量温度及含水率之间的关系,通过对不同含水率、不同温度状况下的鹰角豆进行介电特性参数测量及分析,可根据不同温度下的介电特性参数反映其含水率情况。靳志强等(2011)研究了温度和含水率对玉米介电性能的影响。结果表明,玉米介电性能随频率升高而降低,随温度和含水率的增加而增大。郭文川等(2013)通过研究测量频率、温湿度、容积密度对小杂粮电容的影响规律,建立了电容、温度、含水率三者的数学关系模型。以此设计了一套小杂粮含水率检测仪,并进行可靠性实验,实验表明,此仪器可较好地检测小杂粮的含水率,为快速检测小杂粮的含水率提供了一套可行的理论和实践方案。

以上文献可以看出,影响粮食介电特性参数的因素包括测量频率、温湿度、粮食的测量体积密度和粮食的含水率等,通过对各个因素的分析,为粮食含水率的检测提供了可靠的理论基础,对粮食安全储藏管理起到了至关重要的作用。

1.2.3 介电特性在叶片含水率检测中的应用

目前,国内外一些学者利用介电特性对叶片含水率进行了检测与分析。
Chuah 等(2010)对棕榈油叶片进行介电特性参数研究,研究其介电特性参数与叶片含水率之间的关系,并构建棕榈油叶片介电特性参数与含水率之间的线性数学关系模型,以应用介电特性参数预测棕榈油叶片的含水率,可为棕榈油叶片的含水率无损检测提供可行的理论依据。冯呈艳等(2014)对茶鲜叶介电特性进行了初步的研究。利用 LCR 数字电桥仪分析茶树品种、新梢叶片部位、含水率以及新鲜度对鲜叶介电特性的影响,并分析了多种影响因素,包括温度、湿度、测试频率、测试电压及叶片尺寸等。结果表明,随新鲜度的下降,鲜叶含水率下降,而含水率与介电参数值间存在显著的线性关系,可通过检测茶鲜叶介电特性,快速无损检测其含水率,同时能正确判别其新鲜度。郭文川等(2014)研究基于电容特性的植物叶片含水率无损检测仪,以玉米叶片为对象,研究压力对玉米叶片电容特性的影响,建立了最佳压力下玉米叶片的电容与含水率之间的关系模型。发现玉米叶片的电容随含水率和极板对叶片压力的增大而增大,检测玉米叶片电容的最佳压力为 4 N,检测含水率绝对测量误差为−1.2%～1.7%,检测含水率的响应时间小于3 s,表明基于介电特性原理自制的叶片含水率检测仪能较好地检测玉米叶片含水率。

参 考 文 献

Vogelmann T C. 1993. Plant tissue optics [J]. Annual Review Plant Physiology and Plant Molecular Biology,44:231-251.

Gitelson A A,Merzlyak M N. 1996. Signature analysis of leaf reflectance spectra:Algorithm development for remote sensing[J]. Journal of Plant Physiology,148:483-492.

唐延林,王人潮,王秀珍. 2003. 水稻叶面积指数和叶片生化成分的光谱法研究[J]. 华南农业大学学报(自然科学版),24(1):4-7.

田永超,朱艳,姚霞. 2007. 基于光谱信息的作物氮素营养无损监测技术[J]. 生态学杂志,26(7):1454-1463.

Filella I,Serrano L,Serra J,et al. 1995. Evaluating wheat nitrogen status with canopy reflectance indices and discriminant analysis [J]. Crop Science,35:1400-1405.

Wood G A,Welsh J P,Godwin R J,et al. 2003. Real time measures of canopy size as a basis for spatially varying nitrogen applications to winter wheat sown at different seed rates [J]. Biosystems Engineering,84(4):513-531.

Lukina E V,Freeman K W,Wynn K J,et al. 2001. Nitrogen fertilization optimization algorithm based on in-season estimates of yield and plant nitrogen uptake [J]. Journal of Plant Nutrition,24(6):885-898.

Everitt J H,Pettit R D,Alaniz M A. 1987. Remote sensing of broom snakeweed (Gutierrezia sarothrae) and spiny aster (Aster spinosus)[J]. Weed Science,35(2):

203 - 209.

Stone M L, Soile J B, Raun W R, et al. 1996. Use of spectral radiance for correcting in-season fertilizer nitrogen deficiencies in winter wheat[J]. Transactions of the Asae, 39(5): 1623 - 1631.

Ciganda V, Gitelson A, Schepers J. 2009. Non-destructive determination of maize leaf and canopy chlorophyll content[J]. Journal of Plant Physiology, 166(2): 157 - 167.

Kokaly R. F. 2001. Investigating a physical basis for spectroscopic estimates of leaf nitrogen concentration[J]. Remote Sensing of Environment, (75): 153 - 161.

Johnson L. F. 2001. Nitrogen influence on fresh-leaf NIR spectra[J]. Remote Sensing of Environment, 78: 314 - 320.

Fitzgerald G, Rodriguez D, O'Leary G. 2010. Measuring and predicting canopy nitrogen nutrition in wheat using a spectral index-The canopy chlorophyll content index (CCCI) [J]. Field Crops Research, 116(3): 318 - 324.

Ranjan R, Chopra U K, Sahoo R N, et al. 2012. Assessment of plant nitrogen stress in wheat (Triticum aestivum L.) through hyperspectral indices[J]. International Journal of Remote Sensing, 33(20): 6342 - 6360.

王纪华,王之杰,黄文江,等. 2004. 冬小麦冠层氮素的垂直分布及光谱响应[J]. 遥感学报, 8(4):309 - 316.

薛利红,罗卫红,曹卫星,等. 2003. 作物水分和氮素光谱诊断研究进展[J]. 遥感学报,7(1): 73 - 80.

王秀珍,王人潮,黄敬峰. 2002. 微分光谱遥感及其在水稻农学参数测定上的应用研究[J]. 农业工程学报,18(1):9 - 14.

吕雄杰,潘剑君,张佳宝,等. 2004. 水稻冠层光谱特征及其与 LAI 的关系研究[J]. 遥感技术与应用,19(1):24 - 29.

李映雪,朱艳,田永超,等. 2006. Quantitative relationship between leaf nitrogen accumulation and canopy reflectance spectra[J]. Acta Agron Sin(作物学报),32(2):203 - 209.

冯雷,方慧,周伟军,等. 2006. 基于多光谱视觉传感技术的油菜氮含量诊断方法研究[J]. 光谱学与光谱分析,26(9):1749 - 1752.

张金恒,王珂,王人潮. 2004. 水稻叶片反射光谱诊断氮素营养敏感波段的研究[J]. 浙江大学学报,30(3):340 - 346.

张晓东,毛罕平. 2009. 油菜氮素光谱定量分析中水分胁迫与光照影响及修正[J]. 农业机械学报,40(2):164 - 169.

杨玮,孙红,郑立华,等. 2013. 冬枣光谱数据的灰色关联分析及叶片氮素含量预测[J]. 光谱学与光谱分析,33(11):3083 - 3087.

任鹏,冯美臣,杨武德,等. 2014. 冬小麦冠层高光谱对低温胁迫的响应特征[J]. 光谱学与光谱分析,34(9):2490 - 2494.

马亚琴,包安明,王登伟. 2003. 水分胁迫下棉花冠层叶片氮素状况的高光谱估测研究[J].

干旱区地理,26(4):408-412.

王渊,黄敬峰,王福民,等.2008.油菜叶片和冠层水平氮素含量的高光谱反射率估算模型[J].光谱学与光谱分析,28(2):273-277.

浦瑞良,宫鹏.2000.高光谱遥感及其应用[M].北京:高等教育出版社.

Tracy M Blackmer, James S. Schepers, Gary E. Varvel. 1994. Light Reflectance Compared with Other Nitrogen Stress Measurements in Corn Levels[J]. Agronomy Journal, 86: 934-938.

Jia L L, Chen X P, Zhang F S, et al. 2004. Use of digital camera to assess ni-trogen status of winter wheat in the northern China plain[J]. Journal of Plant Nutrition, 27(3): 441-450.

Zhang X, Liu F, He Y, et al. 2013. Detecting macronutrients content and distribution in oilseed rape leaves based on hyperspectral imaging [J]. Biosystems Engineering, 115(1): 56-65.

毛罕平,吴雪梅,李萍萍.2005.基于计算机视觉的番茄缺素神经网络识别[J].农业工程学报,21(8):106-109.

Ulissi V, Antonucci F, Benincasa P, et al. 2011. Nitrogen concentration estimation in tomato leaves by VIS-NIR non-destructive spectroscopy. [J]. Sensors, 11(6): 6411-6424.

Ceccato P, Nadine G, Stephane F. 2002. Designing a spectral index to estimate vegetation water content from remote sensing data Ⅱ. Validation and applications[J]. Remote Sens Environ, 82: 198-207.

Dobrowski S, Pushnik J, Zarco-Tejada P, et al. 2005. Simple reflectance indices track heat and water stress-induced changes in steady state chlorophyll fluorescence at the canopy scale [J]. Remote Sensing of Environment, 97: 403-414.

Rodriguez D, Fitzgerald G, Christensen L, et al. 2007. Canopy spectrum and thermal sensing for nitrogen and water deficit in rained and irrigated wheat environments [J]. Remote Sensing of Environment, 38: 121-137.

王纪华,赵春江.2000.利用遥感方法诊断小麦叶片含水量的研究[J].华北农学报,15(4): 68-72.

冯先伟,陈曦,包安明,等.2004.水分胁迫条件下棉花生理变化及其高光谱响应分析[J].干旱区地理,27(2):250-255.

田永超,朱艳,曹卫星,等.2004.小麦冠层反射光谱与植株水分状况的关系[J].应用生态学报,15(11):2072-2076.

吉海彦,王鹏新,严泰来.2007.冬小麦活体叶片叶绿素和水分含量与反射光谱的模型建立[J].光谱学与光谱分析,27(3):514-516.

毛罕平,张晓东,李雪,等.2008.基于光谱反射特征的葡萄叶片含水率模型的建立[J].江苏大学学报(自然科学版),29(5):369-372.

孙俊,武小红,张晓东,等.2013.基于高光谱图像的生菜叶片水分预测研究[J].光谱学与光谱分析,33(2):522-526.

Jin H, Li L, Cheng J. 2015. Rapid and non-destructive determination of moisture content of peanut kernels using hyperspectral imaging technique[J]. Food Analytical Methods, 8(10): 1-9.

李丹,何建国,刘贵珊,等.2014.基于高光谱成像技术的小黄瓜水分无损检测[J].红外与激光工程,43(7):2393-2397.

刘燕德,姜小刚,周衍华,等.2016.基于高光谱成像技术对脐橙叶片的叶绿素、水分和氮素定量分析[J].中国农机化学报,37(3):218-224.

田喜,黄文倩,李江波,等.2016.高光谱图像信息检测玉米籽粒胚水分含量[J].光谱学与光谱分析,36(10):3237-3242.

彭彦昆,张雷蕾.2012.农畜产品品质安全光学无损检测技术的进展和趋势[J].食品安全质量检测学报,3(6):561-560.

刘翠玲,郑光,孙晓荣.2010.近红外光谱技术在农药残留量检测中的研究[J].北京工商大学学报,28(4):52-5,64.

Lourdes S C, Antonio J. G-J, Victor O S, et al. 2013. Feasibility of Using NIR Spectroscopy to Detect Herbicide Residues in Intact Olives[J]. Francisco Peña-Rodríguez, 2(30): 504-509.

Xue L, Cai J, Li J, et al. 2012. Application of Particle Swarm Optimization (PSO) Algorithm to Determine Dichlorvos Residue on the Surface of Navel Orange with Vis-NIR Spectroscopy[J]. Procedia Engineering, 29(4): 4124-4128.

Sanchez M T, Katherine F R, Jose E G, et al. 2010. Measurement of Pesticide Residues in Peppers by Near-infrared Reflectance Spectroscopy[J]. Society of Chemical Industry, 66: 580-586.

陈蕊,张骏,李晓龙.2012.蔬菜表面农药残留可见-近红外光谱探测与分类识别研究[J].光谱学与光谱分析,32(5):1230-1233.

陈菁菁,李永玉,王伟,等.2010.微量有机磷农残近红外光谱快速检测方法[J].农业机械学报,41(10):134-137.

罗春生,薛龙,刘木华,等.2012.基于近红外光谱法无损检测芦柑表面多种农药残留研究[J].中国农机化,2:128-131,135.

吴汉福.2006.红外光谱技术的应用[J].六盘水师范高等专科学校学报,18(3):51-54.

Nicolas F, Marc T, Catherine G, et al. 2014. Identification and Quantification of Known Polycyclic Aromatic Hydrocarbons and Pesticides in Complex Mixtures Using Fluorescence[J]. Chemosphere, (107): 344-353.

L. Rubioa, M. C. Ortiza, L. A. Sarabiab, et al. 2014. Identification and quantification of carbamate pesticides in dried lime tree flowers by means of excitation-emission molecular fluorescence and parallel factor analysis when quenching effect exists [J]. Analytica Chimica Acta, 11(820): 9-12.

Rubio L，Sarabia L A，Ortiz M C. 2015. Standard addition method based on four-way Parafac decomposition to solve the matrix interferences in the determination of carbamate pesticides in lettuce using excitation—emission fluorescence data［J］. Talanta，(138)：86 - 99.

薛龙,黎静,刘木华,等.2011.荧光光谱检测脐橙表面敌敌畏残留试验研究[J].江西农业大学学报,33(2):394 - 398.

雷鹏,吕少波,李野,等.2014.多光谱荧光图像技术检测农药残留[J].发光学报,35(6):748 - 753.

Carlos D L A，Ronei J P. 2015. Detection of malathion in food peels by surface-enhanced Raman imaging spectroscopy and multivariate curve resolution［J］. Analytica Chimica Acta，879：24 - 33.

Sagar D，Y. Lia，Y. Penga，et al. 2014. Prototype Instrument Development for Non-destructive Detection of Pesticide Residue in Apple Surface Using Raman Technology［J］. Journal of Food Engineering，(123)：94 - 103.

张丹,王俊红.2010.蔬菜和水果的显微激光拉曼光谱研究[J].光谱实验室,27(4):1389 - 1392.

李永玉,彭彦昆,孙云云,等.2012.拉曼光谱技术检测苹果表面残留的敌百虫农药[J].食品安全检测学报,3(6):672 - 675.

刘文涵,张丹,何华丽,等.2012.激光拉曼光谱内标法测定红辣椒表面的农残甲基毒死蜱[J].光谱实验室,29(4):2059 - 2062.

Rajkumar P，Wang N，EImasry G，et al. 2012. Studies on banana fruit quality and maturity stages using hyperspectral imaging［J］. Journal of Food Engineering，108(1)：194 - 200.

Siripatrawan U，Makino Y. 2015. Monitoring of Aspergillus on brown rice grains using a rapid and non-destructive hyperspectral imaging［J］. International Journal of Food Microbiology，199：93 - 100.

Kamruzzaman M，EIMasry G，Sun D W，et al. 2012. Prediction of some quality attributes of lamb meat using near-infrared hyperspectral imaging and multivariate analysis［J］. Analytica Chimica Acta，714：57 - 67.

孙俊,金夏明,毛罕平,等.2014.基于高光谱图像的生菜叶片氮素含量预测模型的研究含量[J],42(5):672 - 677.

He H J，Wu D，Sun D W. 2014. Potential of hyperspectral imaging combined with chemometric analysis for assessing and visualising tenderness distribution in raw farmed salmon fillets［J］. Journal of Food Engineering，126：156 - 164.

刘民法,张令标,王松磊,等.2014.近红外高光谱技术鉴别长枣表面的农药种类[J].食品研究与开发,35(15):81 - 86.

张令标,何建国,刘贵珊,等.2014.基于可见-近红外高光谱成像技术的番茄表面农药残留无损检测[J].食品与机械,30,(1):82 - 85.

Christian Nansen，Noureddine abidl，Amella Jorge Sidumo，et al. 2010. Using spatial structure analysis of hyperspectral imaging data and fourier transformed infrared analysis to determine bioactivity of surface pesticide treatrment [J]. Remote Sensing, 2(4): 908 - 925.

Li J, Xue L, Liu M H, et al. 2010. Hypersptral imaging technology for determination of dichlorvos residue on the surface navel orange [J]. Chinese Optics Letters, 8(11): 1050 - 1052.

索少增, 刘翠玲, 吴静珠, 等. 2011. 高光谱图像技术检测梨表面农药残留试验研究[J]. 北京工商大学学报(自然科学版), 29(6): 73 - 77.

薛龙, 黎静, 刘木华. 2008. 基于高光谱图像技术的水果表面农药残留检测试验研究[J]. 光学学报, 28(12): 2277 - 2280.

Mckeown M S, Trabelsi S, Tollner E W, et al. 2012. Dielectric spectroscopy measurements for moisture prediction in vidalia onions [J]. Journal of Food Engineering, 111(3): 505 - 510.

马晓明, 王松磊, 贺晓光, 等. 2012. 基于介电特性的宁夏灵武长枣内部品质检测方法研究[J]. 新疆农业大学学报, 35(4): 334 - 339.

边红霞, 屠鹏. 2013. 常温贮藏时间对红地球葡萄介电特性的影响[J]. 食品与发酵工业, 39(2): 237 - 240.

蔡骋, 李永超, 马惠玲, 等. 2013. 基于介电特征选择的苹果内部品质无损分级[J]. 农业工程学报, 29(21): 279 - 87.

Barba A A, Lamberti G. 2013. Dielectric properties of pineapple as function of temperature and moisture content [J]. International Journal of Food Science & Technology, 48(6): 1334 - 1338.

商亮, 谷静思, 郭文川, 等. 2013. 基于介电特性及 ANN 的油桃糖度无损检测方法[J]. 农业工程学报, 29(17): 257 - 264.

Zia A I, Mohd Syaifudin A R, Mukhopadhyay S C. 2013. Electrochemical impedance spectroscopy based MEMS sensors for phthalates detection in moisture and juices [J]. Journal of Physics: Conference Series, 439(1): 467 - 471.

郭晓丹, 章中, 张海红, 等. 2014. 基于介电特性的枣果品质识别试验研究[J]. 食品科学, 39(9): 289 - 294.

徐广文. 1995. 介电特性在粮食物性测量中的应用分析[J]. 武汉轻工大学学报, (4): 5 - 9.

Ahmed J, Ramaswamy H S, Raghavan G S V. 2008. Dielectric properties of soybean protein isolate dispersions as a function of concentration, temperature and PH[J]. Lebensmittel-Wissenschaft und-Technologie, 41(1): 71 - 81.

Sacilik K, Colak A. 2010. Determination of dielectric properties of corn seeds from 1 to 100 MHz [J]. Powder Technology, 203(2): 365 - 370.

Wu S Y, Zhou Q Y, Wang G. 2010. The relationship between electrical capacitance-based dielectric constant and soil moisture content [J]. Environmental Earth Sciences, 62(5): 999 - 1011.

靳志强,王顺喜,韩培. 2011. 频率、温度和含水率对玉米介电性能的影响[J]. 中国农业大学学报,16(4):141-147.

郭文川,赵志翔,杨沉陈. 2013. 基于介电特性的小杂粮含水率检测仪设计与试验[J]. 农业机械学报,44(5):188-193.

Chuah H T, Kam S W, Chye Y H. 1997. Microwave dielectric properties of rubber and oil palm leaf samples: Measurement and modelling [J]. International Journal of Remote Sensing, 18(12): 2623-2639.

冯呈艳,余志,陈玉琼,等. 2014. 茶鲜叶介电特性的初步研究[J]. 华中农业大学学报,33(2): 111-115.

郭文川,刘东雪,周超超,等. 2014. 基于电容特性的植物叶片含水率无损检测仪[J]. 农业机械学报,45(10):288-293.

2 光谱预处理算法

在数据获取过程中通常会伴有一些误差,这些误差主要来自于两大方面:一方面是仪器的系统误差,另一方面是人为的偶然误差,这都会对后期的检测造成一定的影响。因此,为了提取出更加精确、有效的数据,通常会采取一些数据预处理的方法来改善数据,本章就常用到的几种数据预处理方法作简要介绍。

2.1 Savitzky-Golay 多项式平滑

SG 平滑法(侯培国等,2015;杜树新等,2010)是把奇数个($NSP = 2m+l$)光谱点(在数据序列中相邻)看做一个窗口,采用多项式法对窗口内的光谱数据做最小二乘拟合,利用得到的多项式系数计算出窗口中心点的各阶导数值和平滑数据值。去掉窗口内最前端的数据,添加窗口最末端相邻的光谱数据,使得平滑窗口在整个图谱内移动,得到平滑后经不同导数分析后的图谱。

2.2 移动平均平滑

移动平均法是多点平滑中最简单的一种(张银等,2007)。先选择在数据序列中相邻的奇数个数据点,这奇数个数据点即构成一个窗口。计算在窗口内奇数个数据点的平均值,然后用求得的平均值代替奇数个数据点中的中心数据点的数据值,这样就得到了数据平滑后的一个新的数据点。接着去掉窗口内的第一个数据点,并添加上紧接着窗口的下一个数据点,形成移动后的一个新窗口,其中的总数据个数不变。同样的,用窗口内的奇数个数据点求平均值,并用它来代替窗口中心的一个数据点,如此移动并平均直到最后(赵杰文等,2012)。

2.3 多元散射校正算法

多元散射校正(multiplication scatter correction, MSC)主要是用于消除因样品的不均匀性产生散射引起的光谱差异。在一些情况下,散射引起的光谱差异可能比样本内部化学成分所引起的差异还要大,因此采用 MSC 方法可以校正光谱的散射问题

并获得"理想"的光谱数据。其具体计算公式如下(张小超等,2012):

平均光谱表达式:

$$\bar{S}_i = \sum_{i=1}^{n} \frac{S_i}{n} \tag{2.1}$$

线性回归表达式:

$$S_i = k_i \bar{X}_i + d_i \tag{2.2}$$

MSC 校正表达式:

$$S_{i(MSC)} = \frac{(S_i - d_i)}{k_i} \tag{2.3}$$

式中:S 表示校正集的光谱矩阵;$\bar{S}_i$ 表示第 i 个样本的平均光谱;k_i 和 d_i 是线性回归方程中的斜率和截距。在尽可能保留原有化学成分信息的同时,可以通过调整 k_i 和 d_i 的值来减小光谱的差异性。

2.4　标准正态变量变换和去趋势算法

标准正态变量变换(standard normalized variable,SNV)主要目的同样是消除因散射现象引起的光谱差异,但与 MSC 不同的是,SNV 得到的不是一条"理想"光谱,它的实质是对原始光谱进行标准正态化(Chen,et al,2011),其具体计算公式如下:

$$S_{i(SNV)} = \frac{S_i - \bar{S}}{\sigma} \tag{2.4}$$

式中:S_i 表示第 i 条光谱数据;$\bar{S}$ 表示平均光谱数据;σ 表示光谱数据的标准偏差。

去趋势(de-trending)(田旷达等,2014)主要是用来对 SNV 校正后的光谱数据进行多项式拟合,然后用 SNV 校正光谱数据减去对应的多项式,达到去趋势的目的,一般 de-trending 都会与 SNV 联合使用。

2.5　导数变换算法

导数法(Srivichiens,et al,2015)主要用来消除由基线漂移和平缓背景干扰造成的数据偏差,它能够分辨光谱曲线的重叠峰,加强光谱间的差异,因此与原始光谱相比,导数处理后的光谱分辨率更高、光谱轮廓更清楚。然而,用导数法处理数据的同时也会增加噪声,因此一般在求导之前都需要进行平滑处理,常用的是 Savitzky-Golay 平滑处理方法。目前,在光谱数据分析中常用的导数法主要有一阶导数法和二阶导数法。

2.6　正交信号校正算法

正交信号校正(orthogonal signal correction, OSC)(Gholivand M B, et al, 2014)主要是通过采用正交数学的方法将原始光谱数据矩阵 X 中与待测变量矩阵 Y 不相关的光谱数据滤除,确保留下来的光谱数据与 Y 具有一定的关系,从而达到简化模型和提高模型性能的目的(Fean T, 2000)。下面对本书中用到的有关 Fean 提出的 OSC 算法的原理做简要介绍(Gholivand, et al, 2014)如下:

(1) 在 $\max(x'X'Xw), w'X'Y=0, w'w=1$ 条件下计算第一权重向量 w,使得分向量 $t=Xw$ 最大;

(2) 计算得分向量 $t_i : t_i = Xw_i$;

(3) 计算载荷向量 $p_i : p = \dfrac{X't_i}{(t_i't_i)}$;

(4) 对 X 进行校正,滤除 X 中与 Y 正交的噪声信息:$X = X - \sum_{i}^{n} t_i p_i'$,其中 n 为 OSC 组分数。

2.7　小波阈值

小波阈值预处理算法是一种经典的小波消噪预处理算法,目前在光谱消噪预处理中得到了广泛的应用,其原理是寻找一个合适的阈值,将低于阈值的噪声信号通过对其小波系数进行萎缩来去除噪声。核心步骤包含了建立阈值去噪函数、确定阈值及选择合适的小波基。其中,基本的阈值去噪函数有硬阈值方法和软阈值方法,选取最优的去噪阈值主要有固定阈值(sqtwolog)、最小极大方差阈值(minimaxi)及基于 Stein 无偏似然估计阈值(rigrsure)等(Chen Feng, et al, 2013)。

2.8　小波分段

小波分段预处理算法(Liao Yitao, et al, 2012)是近年来在高光谱数据预处理中常见的预处理算法,其也属于小波消噪算法,主要思想是将冗长的光谱数据进行合理的分段,然后对每段光谱进行小波分解、阈值量化以及小波重构,依据 RMSECV 的最小值来获取每段最佳分解层数。最后,通过将最佳分阶层对应的重构谱段组合成新光谱用于分类建模。

参 考 文 献

侯培国,李宁,常江,等. 2015. SG 平滑和 IBPLS 联合优化水中油分析方法的研究[J]. 光谱学与光谱分析,35(6):1529-1533.

杜树新,杜阳锋,武晓莉. 2010. 基于 Savitzky-Golay 多项式的三维荧光光谱的曲面平滑方法[J]. 光谱学与光谱分析,30(12):3268-3270.

张银,周孟然. 2007. 近红外光谱分析技术的数据处理方法[J]. 红外技术,29(6):345-348.

赵杰文,林颢. 2012. 食品、农产品检测中的数据处理和分析方法[M]. 北京:科学出版社,10-13.

张小超,吴静珠,徐云. 2012. 近红外光谱分析技术及其在现代农业中的应用[M]. 北京:电子工业出版社,103-104.

Chen Q S, Cai J R, Wan X M. 2011. Application of linear/non-linear classification algorithms in discrimination of pork storage time using Fourier transform near infrared (FT-NIR) spectroscopy[J]. LWT-Food Science and Technology, 44(10):2053-2058.

田旷达,邱凯贤,李祖红,等. 2014. 近红外光谱法结合最小二乘支持向量机测定烟叶中钙、镁元素[J]. 光谱学与光谱分析,34(12):3262-3266.

Srivichien S, Terdwongworakul A, Teerachaichayut S. 2015. Quantitative prediction of nitrate level in intact pineapple using Vis-NIRS[J]. Journal of Food Engineering, 150:29-34.

Gholivand M B, Jalalvand A R, Goicoechea H C, et al. 2014. Chemometrics-assisted simultaneous voltammetric determination of ascorbic acid, uric acid, dopamine and nitrite: Application of non-bilinear voltammetric data for exploiting first-order advantage[J]. Talanta, 119:553-563.

Fean T. 2000. On orthogonal signal correction[J]. Chemometrics and Intelligent Laboratory Systems, 50(1):47-52.

金夏明. 2015. 基于高光谱图像技术的生菜叶片氮素含量检测与可视化研究[D]. 江苏大学硕士论文.

Chen Feng, Zhang Wenwen, Chen Qian, et al. 2013. Application of wavelet semi-soft threshold filter algorithm in EMCCD's image processing[J]. 2013 International Conference on Optical Instruments and Technology: Optoelectronic Imaging and Processing Technology, 12(9).

Liao Yitao, Fan Yuxia, Cheng Fang. 2012. On-line prediction of pH values in fresh pork using visible/near-infrared spectroscopy with wavelet de-noising and variable selection methods[J]. Journal of Food Engineering, 4(109):668-675.

3 光谱特征选取方法

3.1 逐步回归分析

逐步回归分析(Greenlands,1989)是针对回归分析选择特征波长。逐步回归分析法中,首先选择部分敏感波长以建立回归方程,在光谱分析中对回归方程中每一个波长进行检验,看其对理化性质值 y 是否显著,若不显著则剔除。当回归方程中包含的所有波长对 y 都显著时,考虑在未选入的波长中重新选择新的波长加入,检验其显著性,若显著则添加到回归方程中,若不显著则剔除,继续进入下一步计算,必须保证在引入新的波长变量之前,回归方程中所有波长变量均对 y 显著。每引入一个波长变量时,原有的在回归方程中的波长变量则可能变得不显著而被剔除。

3.2 连续投影算法

连续投影算法(successive projection algorithm,SPA)(吴迪等,2014)是一种向前循环的特征变量筛选算法,它能够从高维光谱数据信息中提取有效的信息,滤除冗余、无效的信息,大大降低了变量之间的共线性影响。因此,SPA 能有效降低建模所需的变量个数和建模所需的时间,能够提升建模的效率。SPA 算法的主要原理如文献(和文超等,2011)。

3.3 权重回归系数法

为了挑选出信息量(权重)较大的光谱数据,可以通过原始光谱预处理后数据和样本类别建立模型,从而获取不同波长下的回归系数。即对不同预处理后的光谱信息进行偏最小二乘回归建模,得到权重回归系数(weight regression coefficients,Bw)(Feng Y Z,et al,2013;Kamruzzaman M,et al,2013)。为了确保每个光谱数据的方差一致,必须利用光谱数据与其标准偏差的比值对光谱数据进行标准化。波长对应的权重回归系数越大,表明该波长对应的光谱数据的信息量越完整。为此,选取权重回归系数曲线中波峰和波谷(绝对值相对较高)对应的波长作为特征波长。

3.4　主成分分析

主成分分析(principal component analysis,PCA)是一种经典的特征提取算法。目前在光谱数据的预处理中,它已受到了广大学者的青睐(Weakley AT,et al,2012)。PCA方法其实就是将数据空间经过正交变换映射到低维子空间的过程,这种变换在无损或者很少损失了数据集信息的情况下降低了数据集的维数。其主要目的是希望用较少的变量去解释原数据中的大部分变异,将许多相关性很高的变量转化成彼此独立或不相关的变量。通常选出比原始变量个数少,能解释大部分数据中的变异的几个新变量,即所谓主成分。

3.5　竞争性自适应加权算法

竞争性自适应加权算法(competitive adaptive reweighted sampling,CARS)(吴静珠等,2011;孙通等,2012;李江波等,2015)是一种新型变量选择方法。此算法将每个波长作为一个个体,在波长选择过程中,每次利用指数衰减函数(exponentially decreasing function,EDF)和自适应重加权采样技术(adaptive reweighted sampling,ARS)挑选出 PLS 模型中回归系数绝对值较大的个体,从而获得多个波长变量子集。根据交叉验证法从中筛选出交互验证均方根误差(RMSECV)最小的子集,该子集所包含的变量即为最优波长组合。

3.6　LDA 算法

LDA 是一种监督的特征提取算法,它充分考虑了数据间的类别信息,通过寻找一个最优的投影矩阵,把高维数据投影到低维子空间中去,使得在子空间中,所有的样本数据达到类内离散度最小,类间离散度最大(He Xiaofei,et al,2005),这样就能使得投影后的数据更加有利于分类。

3.7　LPP 算法

LPP 是一种新的子空间分析算法,它是非线性方法 Laplacian Eigenmap 的线性近似,既能克服 PCA 等传统的线性方法难以保持非线性流形的缺点,又能解决一些传统的非线性方法难以获得新样本点低维投影的问题(He Xiaofei,et al,2005)。

3.8 SLPP 算法

　　LPP 算法虽然可以保持数据之间的局部相似性关系,但它是一种非监督的特征提取算法,对于解决分类问题效果不一定好。为此,可以通过引入监督机制将 LPP 改进为监督特征提取算法 SLPP(申中华等,2008)。

3.9 离散小波变换

　　由于高光谱数据涉及的波段数多、包含的数据量大,波段之间具有较大的相关性,从而增加了波段间的信息冗余。小波变换(WT)能够通过对原始数据进行降维和压缩,剔除与待测对象无关的信息,简化建模过程,从而实现对高光谱数据特征降维。

　　小波变换可以描述信号时间(空间)和频率(尺度)域的局部特性(F. Ehrentreich,2002),通过小波变换将原始数据变换到小波域,原始数据中包含的信息可以由对应的小波系数进行表示。

　　在实际运用中,必须对信息数据进行离散化处理。执行离散小波变换的有效方法是使用滤波器,即 Mallat 算法(Zhang Chunlin,et al,2015)。通过两个互补的滤波器组,其中一个滤波器为低通滤波器,通过该滤波器可得到信号的近似值,另一个为高通滤波器,通过该滤波器可得到信号的细节值。

3.10 分段离散小波变换

　　小波变换分析光谱时,其能够通过一个较强的光谱振荡来确定不同位置的光谱区域特征。小波分解所产生的高频细节部分能有效反应物质的敏感波段,而低频逼近部分可以平滑由局部振荡所产生的噪声。小波变换分析本身不能够实现对原始信号的特征提取。通常情况下,小波变换分析使用特征提取策略,来实现光谱特征选择。并且不同光谱区域包含的信息量具有一定的差异。为此,结合有机物近红外谱区倍频中心近似位置,本节提出了一种分段离散小波变换的方法来实现高维数据的特征提取,具体流程如下:

　　步骤 1 对原始近红外高光谱图像数据进行 ROI 光谱提取得到矩阵$[X,Y]$,其中 X 为波长,Y 为样本对应漫反射率取值。对 i 类 ROI 光谱进行取平均处理得到均值矩阵$[X,Y_i]$,其中 X 为波长,Y_i 为第 i 类样本对应的平均漫反射率取值,$i=1,2,\cdots$。

　　步骤 2 依据有机物近红外谱区倍频中心近似位置,对 ROI 区域光谱矩阵

$[X,Y]$进行分 N 段处理,即第 N 段光谱矩阵为 $[X,Y]N$,均值矩阵为 $[X,Y_i]N$, $N=1,2,3,\cdots$。

步骤 3 依次对 N 段光谱矩阵进行小波变换七层分解,以 sym5 小波为小波基函数。分解得到近似值矩阵 $[X,cA7]N$,其中 $cA7$ 为第 N 段光谱矩阵小波变换第七次分解低频近似信号。

步骤 4 依次对 N 段均值矩阵,i 类均值矩阵 $[X,Y_i]N$ 进行小波变换七层分解,以 sym5 小波为小波基函数。分解得到高频细节矩阵 $[X,cD7_i]N$,其中 $cD7_i$ 为第 N 段光谱矩阵小波变换第七次分解高频细节部分,$i=1,2,\cdots$。

步骤 5 绘制高频细节矩阵 $[X,cD7_i]N$ 系数曲线,依据奇异值特征差最大,来选择第 N 段最佳分解层以及特征波段。依据选取的奇异值特征波段,提取近似值矩阵 $[X,cA7]N$ 特征波长下漫反射率取值。

步骤 6 计算契合度(FD)。通过契合度计算来选定特征波长,并用契合度来初步判定选取的奇异值特征波段优劣。基于化学键和基团的特征振动频率区,本文提出了步骤 4 中选取的奇异值特征波段与化学键和基团的特征振动频率区契合度(FD),其定义公式为:

$$FD = \frac{S_c}{S} \times 100\%$$

式中:S_c 为选取的奇异值特征波段在化学键和基团的特征振动频率区的数量判定(判定范围为有机物近红外谱区倍频中心近似位置 50 nm);S 为选取的奇异值特征波段数。

参 考 文 献

Greenland S. 1989. Modeling and variable selection in epidemiologic analysis[J]. American Journal of Public Health, 79(3): 340 - 349.

吴迪,宁纪锋,刘旭,等. 2014. 基于高光谱成像技术和连续投影算法检测葡萄果皮花色苷含量[J]. 食品科学,35(8):57 - 61.

和文超,师学义,邓青云,等. 2011. 土地利用规划修编中粮食产量预测方法比较[J]. 农业工程学报,27(12):348 - 352.

Feng Y Z, Elmasry G, Sun D W, et al. 2013. Near-infrared hyperspectral imaging and partial least squares regression for rapid and reagentless determination of Enterobacteriaceae on chicken fillets[J]. Food Chemistry, 138(2 - 3): 1829 - 1836.

Kamruzzaman M, Sun D W, Elmasry G, et al. 2013. Fast detection and visualization of minced lamb meat adulteration using NIR hyperspectral imaging and multivariate image analysis[J]. Talanta, 103(2): 130 - 136.

Weakley A T, Warwick P C, Bitterwolf T E, et al. 2012. Multivariate analysis of micro-Raman spectra of thermoplastic polyurethane blends using principal component analysis and principal component regression [J]. Applied Spectroscopy, 66(11): 1269 - 1278.

吴静珠,徐云. 2011. 基于 CARS-PLS 的食用油脂肪酸近红外定量分析模型优化[J]. 农业机械学报,42(10):162 - 166.

孙通,许文丽,林金龙,等. 2012. 可见/近红外漫透射光谱结合 CARS 变量优选预测脐橙可溶性固形物[J]. 光谱学与光谱分析,32(12):3229 - 3233.

李江波,郭志明,黄文倩,等. 2015. 应用 CARS 和 SPA 算法对草莓 SSC 含量 NIR 光谱预测模型中变量及样本筛选[J]. 光谱学与光谱分析,35(2):372 - 378.

He Xiaofei, Yan Shucheng, Hu Yuxiao, et al. 2005. Face Recognition Using Laplacianfaces [J]. IEEE Transactions on Pattern Analysis and Machine Intelligence, 27 (3): 328 - 340.

申中华,潘永惠,王士同. 2008. 有监督的局部保留投影降维算法[J]. 模式识别与人工智能, 21(2):233 - 239.

F. Ehrentreich. 2002. Wavelet transform applications in analytical chemistry[J]. Anal Bioanal Chem. 372: 115 - 121.

Zhang Chunlin, Li Bing, Chen Binqiang, et al. 2015. Weak fault signature extraction of rotating machinery using flexible analytic wavelet transform[J]. Mechanical Systems and Signal Processing, 4(24): 162 - 187.

孙俊,周鑫,毛罕平,等. 2016. 基于 PDWT 与高光谱的生菜叶片农药残留检测[J]. 农业机械学报,47(12):323 - 329.

周鑫,孙俊,武小红,等. 2016. 基于融合小波的高光谱生菜农药残留梯度鉴别研究[J]. 中国农机化学报,37(8):80 - 86.

4 定性分析方法

4.1 支持向量机

SVM(support vector Machine)作为一种重要的可训练的机器学习方法,它可以通过一个非线性映射 $\phi:R^n \rightarrow R^{n+k}$,将低维线性不可分样本转化到高维特征空间使其线性可分(Ghaemi J B,et al,2013)。基于结构风险最小化,在特征空间中构建最优分类超平面,并通过最优分类超平面的建构使得学习器得到全局最优解,并且在整个样本空间的期望风险以某个概率满足一定的上界。因此,SVM 在处理非线性数据的时候具有比线性分类器更强的性能(张小超等,2012)。

4.2 K 最近邻分类器

KNN 分类器属于线性分类器中的一种(Wang Chaoxue,et al,2012),其算法的主要思想是计算每个样本数据到待分类数据的距离,然后取待分类数据最近的 K 个样本数据,那么这 K 个样本数据中哪个类别的样本数据占的多,则待分类数据就属于该类别。

4.3 Adaboost-SVM 及 Adaboost-KNN

Adaboost 算法是由 Freund 和 Schapire 提出的一种迭代算法,在当前应用较为广泛(Cheng Wenchang,2013;Abbas Q,2013)。Adaboost 可分为在线自适应提升算法(Online Adaboost)和离线自适应提升算法(Offline Adaboost)(Xueming Qian,2013),本书中用 Online Adaboost 算法的思想来对弱分类器进行提升,它的核心思想是对训练样本迭代地更新权重,赋予较大的权重给分类失败的训练样本,在下一次迭代运算时更加关注这些训练样本。通过反复迭代得到 T 个弱分类器 $f_1,f_2,\cdots,f_T$,每个弱分类器赋予一个权重,分类结果越好的弱分类器,其对应的权重越大。经过 T 次迭代后,最终由弱分类器加权得到一个强分类器。

这两种算法都是通过引入 Adaboost 算法,然后进行多次迭代运算,通过不断地调整自身的权重,最终通过加权得到强分类算法。

这两种算法计算步骤类似,都可以用如下步骤来描述:

步骤 1　输入训练样本集 $S=\{(x_1,y_1),(x_2,y_2),\cdots,(x_n,y_n)\}$,其中,$x_i\in X$表示某个 X 实例空间;y 为类别标签,$y_i\in(1,2,3,\cdots,N)$,$i=1,2,3,\cdots,n$。

步骤 2　用主成分分析对样本数据进行降维,得到降维后的训练样本集。

步骤 3　初始化降维后的所有样本的权值 $D_1(i)=\dfrac{1}{n}$,$i=1,2,3,\cdots,n$。

步骤 4　进行 T 次迭代运算:

(1) 利用 KNN 分类器或 SVM 分类器训练弱分类器 $h_t:x\to(1,2,3,\cdots,N)$。

(2) 计算分类误差和 $e_t=\sum\limits_{i=1}^{n}D_t(i)(y_i\neq h_t(x_i))$。

(3) 根据弱分类器的预测误差 e_t 计算权重 α_t,计算公式为:$\alpha_t=\dfrac{1}{2}\ln\left(\dfrac{1-e_t}{e_t}\right)$。

(4) 更新权重 $D_{t+1}(i)=\dfrac{D_t(i)\exp(-\alpha_t y_i h_t(x_i))}{B_i}$,式中,$B_t$ 是归一化因子,目的是在权重比例不变的情况下使分布权重和为 1。

步骤 5　经过 T 轮迭代后,最终得到强分类器函数:$H(x)=\arg\max\limits_{y\in Y}\sum\limits_{t=1}^{T}\alpha_t$ $(h_t(x)=y)$。

4.4　MSCPSO-SVM

粒子群优化算法简单,但是它具有局部搜索能力差,易陷入局部最优点进化后期收敛速度慢等缺陷。由于混沌运动具有遍历性、随机性、对初始条件的敏感性等特点,本节采用文献(朱凤明等,2010)的方法,将变尺度混沌思想引入粒子群优化算法,以每次寻优操作得到的本次操作最优值为中心动态地缩小区间,然后重复寻优操作,直至找到全局最优值。这样不仅提高了种群的多样性和粒子搜索的遍历性的能力,而且提高了基本粒子群优化算法的收敛速度和精度。混沌序列为:

$$x_{n+1}=\mu x_n(1-x_n) \tag{4.1}$$

式中:μ 为控制参量。

当 $\mu=4$ 时,该系统完全处于混沌状态。由任意初值 x_0 经过迭代运算,可以确定一个的时间序列 $x_0,x_1,x_2,\cdots,x_n$。

设当前最优位置 x 的搜索区间为 $[x_1,x_2]$,经过一次寻优操作后得到的本次操作最优值为 x^*,变尺度操作计算式为:

$$\begin{cases} x_1^{\gamma+1}=x^*-k(\gamma)(x_2^{\gamma}-x_1^{\gamma}) \\ x_2^{\gamma+1}=x^*+k(\gamma)(x_2^{\gamma}-x_1^{\gamma}) \end{cases} \tag{4.2}$$

式中:$k \in (0, 0.5)$,k 愈大,搜索区间缩减程度愈小;γ 是变尺度操作次数。如果 $x_1^{\gamma+1} < x_1^{\gamma}$ 或 $x_1^{\gamma+1} < 0$,则 $x_1^{\gamma+1} = x_1^{\gamma}$;如果 $x_2^{\gamma+1} > x_2^{\gamma}$,则 $x_2^{\gamma+1} > x_2^{\gamma}$。变尺度混沌搜索的目的是让算法在初期搜索范围较大,避免过早陷入局部最优,同时让算法在后期搜索范围缩小,以提高搜索精度。因此获取 k 值计算式为:

$$k(\gamma) = \frac{\frac{1}{2}}{1 + \exp\left(4 - \frac{1}{2}\gamma\right)} \tag{4.3}$$

式中:γ 为当前已经进行变尺度操作的次数。

此方法帮助惰性粒子逃离局部极小点,从而快速搜寻到最优解。

具体流程图如图 4.1 所示。

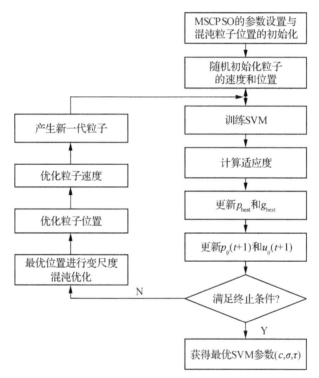

图 4.1　变尺度混沌粒子群的支持向量机参数优化过程

4.5　极限学习机

极限学习机(Extreme Learning Machine,ELM)(Huang Guangbin, et al, 2011)是 Huang 针对单隐层前馈神经网络(SLFN)提出的新算法。

含有 L 个隐含层节点的 SLFN 的输出用(4.4)表示:

$$f_L(x) = \sum_{i=1}^{L} \beta_i G(a_i, b_i, x) \tag{4.4}$$

$x \in R^n, a_i \in R^n, \beta_i \in R^m$ 这里 a_i 是输入层到第 i 个节点的连接权值,b_i 表示第 i 个隐含层节点的阈值,$\beta_i = [\beta_{i1}, \beta_{i2}, \cdots, \beta_{im}]^T$ 为隐含层第 i 个节点到输出层的连接权值,$G(a_i, b_i, x)$ 表示第 i 个隐含层节点与输入 x 的关系,假设激励函数为 $g(x)$,则有

$$G(a_i, b_i, x) = g(a_i \cdot x + b_i) \quad (b \in \mathbf{R}) \tag{4.5}$$

给定任意个样本 $(x_i, t_i) \in R^n \times R^m$,其中 $x_i \in R^n$ 为输入,$t_i \in R^m$ 为输出,如果含有 L 个隐含节点的 SLFN 以任意小误差来逼近这 N 个样本,则存在 β_i, a_i, b_i,

$$f_L(x_j) = \sum_{i=1}^{L} \beta_i G(a_i, b_i, x_j) = t_j \quad (j = 1, \cdots, N) \tag{4.6}$$

式(4.6)可以简化为:

$$H\beta = T \tag{4.7}$$

$$H(a_1, \cdots, a_N, b_1, \cdots, b_N, x_1, \cdots, x_N) = \begin{bmatrix} G(a_1, b_1, x_1) & \cdots & G(a_N, b_N, x_1) \\ \vdots & \cdots & \vdots \\ G(a_1, b_1, x_N) & \cdots & G(a_N, b_N, x_N) \end{bmatrix}_{N \times N} \tag{4.8}$$

$$\beta = \begin{bmatrix} \beta_1^T \\ \vdots \\ \beta_N^T \end{bmatrix}_{N \times m}, \quad T = \begin{bmatrix} t_1^T \\ \vdots \\ t_N^T \end{bmatrix}_{N \times m}$$

H 表示隐藏层输出矩阵。

β 可以通过求解以下方程组的最小二乘解获得:

$$\min\beta = \| H\beta - T \| \tag{4.9}$$

其解为:

$$\hat{\beta} = H^+ T \tag{4.10}$$

式中:H^+ 是隐含层输出矩阵 H Moore-Penrose 广义逆。因此,ELM 分类器的决策函数(陈全胜等,2008)可以构造的形式如下:

$$f_N(x) = \text{sign}\left(\sum_{i=1}^{m} \beta_i h_{ix}\right) = \text{sign}(h(x)\beta) \tag{4.11}$$

4.6　Fisher 判别分析

Fisher 判别分析(许章华等,2014)就是根据组内方差尽量小、组间方差尽量大的原则利用训练集建立一个或者多个判别函数,通过 Wilk's Lambda 统计量决定最终的判别函数。然后将测试集代入判别函数进行测试。

4.7　马氏距离判别分析

马氏距离判别分析(薛岗等,2015)就是通过计算每个训练样本的光谱减去对应类别的平均光谱的差值,利用差值光谱建立了分类模型,再通过测试集样本计算马氏距离值,马氏距离值越接近于零,说明匹配效果越好。

参 考 文 献

Ghasemi J B, Tavakoli H. 2013. Application of random forest regression to spectral multivariate calibration [J]. Analytical Methods, 5(7): 1863 - 1871.

张小超,吴静珠,徐云. 2012. 近红外光谱分析技术及其在现代农业中的应用[M]. 北京:电子工业出版社,150 - 152.

Wang Chaoxue, Dong Lili, Pan Zhengmao, et al. 2012. Classification for Unbalanced Dataset by an Improved KNN Algorithm Based on Weight[J]. International Journal on information, 15 (11): 4983 - 4988.

孙俊,金夏明,毛罕平,等. 2013. 基于 Adaboost 及高光谱的生菜叶片氮素水平鉴别研究[J]. 光谱学与光谱分析,33(12):3372 - 3376.

Cheng W C, Jhan D M. 2013. A self-constructing cascade classifier with AdaBoost and SVM for pedestriandetection [J]. Engineering Applications of Artificial Intelligence, 26(3): 1016 - 1028.

Abbas Q, Celebi M E, Serrano C, et al. 2013. Pattern classification of dermoscopy images: A perceptually uniform model[J]. Pattern Recognition,46(1): 86 - 97.

Qian X, Tang Y Y, Yan Z, et al. 2013. ISABoost: A weak classifier inner structure adjusting based AdaBoost algorithm—ISABoost based application in scene categorization [J]. Neurocomputing, 103(2): 104 - 113.

朱凤明,樊明龙. 2010. 混沌粒子群算法对支持向量机模型参数的优化[J]. 计算机仿真, 27(11):183 - 186.

孙俊,王艳,金夏明,等. 2013. 基于 MSCPSO 混合核 SVM 参数优化的生菜品质检测[J]. 农业机械学报,44(9):209 - 213.

Huang Guangbin, Wang Dianhui, Lan Yuan. 2011. Extreme learning machines: a survey [J]. International Journal of Machine Learning and Cybernetics,2(2): 107 - 122.

陈全胜,赵杰文,蔡健荣,等. 2008. 利用高光谱图像技术评判茶叶的质量等级[J]. 光学学报,28(4):669 - 674.

许章华,李聪慧,刘健,等. 2014. 马尾松毛虫害等级的 Fisher 判别分析[J]. 农业机械学报, 45(6):275 - 283.

薛岗,宋文琦,李树超. 2015. 基于近红外光谱技术的钢结构防火涂料品牌鉴别方法研究 [J]. 光谱学与光谱分析,35(1):104 - 107.

5 定量分析方法

5.1 一元回归算法

一元线性回归预测法是分析一个因变量与一个自变量之间的线性关系的预测方法,基本思想为利用最小二乘法确定最有代表性的直线,该直线到各点的距离最近,然后用这条直线进行预测。

一元线性回归预测模型的建立步骤(左光文,2009;吴全,1998):

(1) 选取一元线性回归模型的变量;

(2) 绘制计算表和拟合散点图;

(3) 计算变量间的回归系数及其相关的显著性;

(4) 回归分析结果的应用。

在一元线性回归分析中,重点放在了用模型中的一个自变量 X 来估计因变量 Y。实际上,由于客观事物的联系错综复杂,一个因变量的变化往往受到两个或多个自变量的影响。

5.2 多元线性回归

回归分析是以若干变量的观测数据为出发点,通过对这种数据结构的分析研究,寻找变量间存在的依赖关系,它是研究变量间相关关系的一种数理统计分析方法(蒋鳌,2009;曹蕾,2008;沙之杰,2008)。

设因变量 y 与 K 个解释变量 $X_1, X_2, \cdots, X_{Ki}$ 之间具有线性相关关系:

$$Y_i = \beta_0 + \beta_1 X_{1i} + \beta_2 X_{2i} + \cdots + \beta_K X_{Ki} + u \quad i = 1, 2, \cdots \tag{5.1}$$

对应于解释变量的每组观察值 $(X_1, X_2, \cdots, X_{Ki})$,因变量的值是随机的,其可能取值的集合形成一个总体,则称

$$E(Y_i) = \beta_0 + \beta_1 X_{1i} + \beta_2 X_{2i} + \beta_3 X_{3i} + \cdots + \beta_K X_{Ki} \tag{5.2}$$

为 K 元线性总体回归方程。多元线性总体回归方程是未知的,需要抽取样本观察值对其进行估计,则式(5.2)的多元线性样本回归方程形式为:

$$\hat{Y}_i = \hat{\beta}_0 + \hat{\beta}_1 X_{1i} + \hat{\beta}_2 X_{2i} + \cdots + \hat{\beta}_K X_{Ki} + e_i \tag{5.3}$$

式中：$\hat{Y}_i$ 是总体均值的估计；X_{Ki} 是总体回归系数 β_i 的估计；残差项 e_i 是随机扰动项的估计。

5.3　BP 神经网络及改进算法

5.3.1　BP 神经网络

人工神经网络(artificial neural network，ANN)是指模拟人脑神经系统的结构和功能，运用大量的处理部件，由人工方式建立起来的网络系统(史忠植，2009)。它是在生物神经网络研究的基础上建立起来的，是对脑神经系统的结构和功能的模拟，具有学习能力、记忆能力、计算能力以及智能处理功能。目前，人工神经网络技术在遥感上的应用越来越广泛和深入。针对 BP 神经网络存在训练速度慢、网络性能不稳定等问题，作者提出了诸多改进算法。

5.3.2　基于贝叶斯算法的 BP 网络

BP 神经网络是当前使用最广泛的一种多层前向神经网络，BP 算法采用的是一种梯度下降搜索的方法，通过计算神经网络实际输出与期望输出间的误差，反向调整各网络权值，使得误差最小。其缺点在于容易陷入局部极小点，训练时间长，收敛速度慢，其数值稳定性差，初始权值、学习率和动量项系数等参数难以调整。

原始的 BP 算法是梯度下降法，参数沿着与误差梯度相反的方向移动，使误差函数减小，直到取得极小值，它的计算复杂度主要是由计算偏导数引起的，这种梯度下降的方法只是线性收敛，速度很慢。一般情况下，神经网络的训练性能函数采用均方误差函数 mse，

$$\text{mse} = \frac{1}{N}\sum_{i=1}^{N}(e_i)^2 = \frac{1}{N}\sum_{i=1}^{N}(t_i - a_i)^2 \tag{5.4}$$

本节采用贝叶斯正则化算法(宋蕾，2008；李红霞，2006)，用以训练 BP 网络，作为对传统 BP 神经网络的改进。

采用贝叶斯正则化算法提高 BP 网络的推广能力。正则化方法是通过修正神经网络的训练性能函数来提高推广能力的。在正则化方法中，网络性能函数经改进变为如下形式：

$$msereg = \gamma \cdot mse + (1-\gamma)msw \tag{5.5}$$

式中：γ 为比例系数；msw 为所有网络权值平方和的平均值，即

$$msw = \frac{1}{n}\sum_{j=1}^{N}w_j^2 \tag{5.6}$$

常规的正则化方法通常很难确定比例系数 γ，而贝叶斯正则化方法则可以在

网络训练过程中自适应地调节 γ 的大小,并使其达到最优。

5.3.3 基于 L-M 算法的 BP 网络

原始的 BP 算法是梯度下降法,参数沿着与误差梯度相反的方向移动,使误差函数减小,直到取得极小值,它的计算复杂度主要是由计算偏导数引起的,这种梯度下降的方法只是线性收敛,速度很慢。

L-M 算法是一种利用标准的数值优化技术的快速算法(钱华明,2009;曹邦兴,2007;王子民,2005),它是梯度下降法与高斯—牛顿法的结合,也可以说成是高斯—牛顿法的改进形式,它既有高斯—牛顿法的局部收敛性,又具有梯度下降法的全局特性。由于 L-M 算法利用了近似的二阶导数信息,它比梯度法快得多。

L-M 算法神经网络权值更新就是采用 LM 算法。

5.3.4 遗传神经网络

BP 网络三层结构模型,设 I_i 为输入层中第 i 个结点的输出;H_i 为隐含层中第 i 个结点的输出;O_i 为输出层中第 i 个结点的输出;w_{ij} 为输入层中第 i 个结点与隐含层第 j 个结点的连接权值;v_{jt} 为隐含层中第 j 个结点与输出层第 t 个结点的连接权值。

将遗传算法用于神经网络初始权值选取中,将权值范围缩小成较优的范围(王小平,2002)。具体步骤如下:

(1)随机初始化 BP 神经网络的权值群体。首先按顺序用向量将各网络权值进行染色体编码,每个染色体的一个基因位以 4 位实数进行表示。利用随机函数随机产生初始群体中每个码串。

(2)遗传算法群体 N 取 20,交叉概率 P_c 取 0.9,变异概率 P_m 取 0.08。

(3)选定适应度函数:

$$f_i = \frac{1}{E_i} \tag{5.7}$$

$$E_i = \frac{1}{2}\sum(y_t - \hat{y}_t)^2 \tag{5.8}$$

式中:$\hat{y}_t$ 表示第 i 个样本的实际输出值;y_t 表示网络输出值。

计算染色体适应度值时,先用相应的解码方法,将编码后的个体转换成问题空间决策变量,并计算个体适应度,以染色体的适应度值作为以后择优选择染色体的依据。

(4)根据适应度大小,进行选择复制、交叉、变异,产生新一代个体。

(5)若达到限定的迭代计算次数,或者达到指定误差平方时,结束遗传操作,输出此时的权值、阈值,否则转(4)。

5.3.5　基于思维进化优化 BP 神经网络

思维进化算法是孙承意(孙承意等,2000)等人针对进化算法训练时间长、早熟等不完善之处提出的新算法。MEA 引用 GA 中"群体"与"进化"的核心内容的同时,还在算法中引入"趋同"与"异化"算子。MEA 是一种通过迭代进行优化的学习算法,进化过程的每一代的所有个体组合成一个群体,一个群体中包含若干数量的子群体,子群体包括两类:优胜子群体(superior group)和临时子群体(temporary group)。趋同是在子群体内进行选择,而异化是在整个群体范围内进行选择。在系统运行中,趋同与异化过程同时进行,相辅相成,共同提高整个系统的全局搜索效率。当优胜子群体中各个子群体都已成熟(得分不再增加),而且在各个子群体周围均没有更好的个体,则不需要执行趋同操作;临时子群体中得分最高的子群体的得分均低于优胜子群体中任意子群体的得分时,也不需要执行异化操作,此时系统达到全局最优值。思维进化算法优化 BP 神经网络的具体实施步骤如下:

(1)产生训练集和测试集。

(2)初始种群、优胜子种群和临时子种群的产生。Matlab 提供了初始种群产生函数 initpop generate()、子种群产生函数 subpop generate(),因此可方便地产生初始种群、优胜子种群和临时子种群。

(3)首先执行趋同操作,然后利用种群成熟判别函数 ismature()判定各个子群体是否成熟。若成熟则趋同操作结束,若不成熟,则我们以新的中心产生子种群,之后再进行趋同操作,直至子种群成熟。在每个子群体内搜索出得分最高的个体,并将此个体的得分作为该子群体的得分。

(4)若临时子群体得分高于优胜子群体的子群体,进行异化操作,该临时子群体的个体替代优胜子群体中的个体,原处于优胜子群体中的个体被释放;如果临时子群得分低于任意一个优胜子群,则该子群被释放。

(5)当满足迭代停止的条件时,结束优化过程,不满足则继续执行优化。

(6)依据编码规则,解码最优个体,得到对应的神经网络的权值和阈值。将优化后的神经网络的权值和阈值作为 BP 神经网络的初始权值和阈值,利用训练集样本对 BP 神经网络进行训练。

5.3.6　PNN 神经网络

概率神经网络(probabilistic neural networks,PNN)是一种前馈型神经网络,采用 Parzen 提出的由高斯函数为基函数来形成联合概率密度分布的估计方法和贝叶斯优化规则,构造了一种概率密度分类估计和并行处理的神经网络。它是一类结构简单、训练简洁、应用广泛的人工神经网络(李波,2009)。因此,PNN 既具有一般神经网络所具有的特点,又具有很好的快速学习能力。

5.3.7　GA-PNN 神经网络

遗传算法(genetic algorithm,GA)是模仿自然界生物进化过程而构造出的一种全局自适应搜索方法,根据适应度值的大小对种群中的个体进行选择、交叉、变异及复制等遗传操作,尽可能地去除适应度低的个体,而保留适应度高的个体,这样新的种群将比前代种群具有更高的适应度,通过反复迭代,对最优的个体进行解码,就可以得到问题的近似最优解(胡瑾,2014)。

PNN 结构参数如输入层、隐含层、输出层节点数等因素,在一定程度上影响着网络的泛化能力及预测精度。由于网络的结构参数没有统一的设计规则,通常采用试错法进行参数的选择,然而,这对于多参数预测的情形是难以接受的,加之试错选择的结果未必最佳。因此,有必要对网络结构加以合理的设计。由于 GA 具有强大的全局搜索及并行处理能力,可以快速搜索到全局最优点,不易落入局部最小点,可以用来优化 PNN 的隐层节点数(贾渊,2007)。

对于待预测的参数,可将其连续 m 个数据拟合成一个时变函数作为 PNN 的输入,参数本身是预测的输出目标,故设置输入和输出层节点数均为 1。运用公式为:

$$q = \sqrt{m+n} + a \tag{5.9}$$

可以限定隐含层节点数范围。式中,q 为隐含层节点数;m、n 分别为嵌入维数、输出层节点数,a 为 1~10 之间的整数。

5.4　支持向量机回归算法及其改进

5.4.1　支持向量机回归算法

支持向量机(support vector machine,SVM)是 20 世纪 90 年代中期发展起来的,以统计学习理论为基础的新的通用机器学习技术。与传统的统计学习理论基于传统统计学的经验风险最小化不同,它是基于结构风险最小化的,而且结构简单,推广能力明显提高,能够解决好大量现实中的小样本学习问题。支持向量机作为一种解决多维函数预测的通用工具,广泛应用于函数模拟、模式识别和数据分类等领域,并取得了极好的效果,已成为当前国际上的研究热点(Vapnikvn,1995;邓乃扬,2004;范秋凤,2009;张浩然,2009;沈梁玉等,2009)。

基于支持向量机的软测量建模就是设支持向量机的训练集 $T=\{(x_1,y_1),\cdots,(x_l,y_l)\}\in(X\times Y)^l$，其中 $x_i\in X=R^n,y_i\in Y=R,i=1,\cdots,l$，力求寻找一个函数 f 使得对于样本集之外的 x 也能精确地估计出相应的 y。通过样本训练，找出一个函数 f。

设函数为如下形式：

$$f(x)=\omega^{\mathrm{T}}\varphi(x)+b \tag{5.10}$$

式中：ω 为权向量，$\omega\in R$；b 为偏向量；$\varphi(\cdot)$ 为核空间映射函数。

支持向量回归(support vector regression, SVR)方法，是基于支持向量机的函数逼近回归问题的学习方法，SVR 方法以历史数据作为训练样本，通过训练网络，找出输入(历史影响因素)与输出(待预测)之间的最优函数，建立支持向量回归模型(方瑞明，2007)。具体步骤为：

(1) 收集预测对象的相关历史数据；

(2) 选择最能反映问题的因素作为输入样本特征集；

(3) 构造样本集，将样本集分为训练样本集和预测样本集；

(4) 选择合适核函数和参数确定预测模型；

(5) 利用对应的 SVR 模型进行预测。

5.4.2　GA-LS-SVM 算法

1) LS-SVM 回归算法

支持向量机具有完备的统计学习理论基础和很强的学习性能，可用于小样本问题的学习，计算速度快，预测能力强。最小二乘支持向量机方法采用最小二乘线性系统作为损失函数，将标准支持向量机中的不等式约束改成等式约束，并把经验风险由误差的一范数改为二范数，求解二次优化的问题就转化成了求解一次线性方程组问题，提高了算法收敛速度(白茂金等，2008)。

2) 基于遗传算法的 LS-SVM 回归算法

LS-SVM 算法中，存在设定正则化参数 γ 和核函数参数 σ 比较困难的问题。有文献(田永超，2007)采用人为列举寻优、多次试验的方式设置参数，但这方法存在显然的局部最优缺陷。遗传算法(王小平，2002)能解决传统搜索方法难以解决的复杂和非线性的问题，其不需要目标函数明确的数学方程和倒数表达式，是一种全局寻优算法，避免了传统算法易陷入局部最优解，寻优效率高。具体步骤如下：

(1) 选定 LS-SVM 的训练样本和校验样本，设定径向基核函数参数 σ 和正则化参数 γ 的区间，从而产生 LS-SVM 参数初始群体；

(2) 设定杂交概率、变异概率、群体规模、进化代数等；

(3) 进行 LS-SVM 训练；

（4）计算遗传算法适应度函数值：

$$f = \frac{\sum_{i=1}^{N} \left| \frac{y_i' - y_i}{y_i} \right|}{N} \times 100\% \tag{5.11}$$

式中：N 表示训练样本个数；y_i' 表示第 i 个样本的实际结果值；y_i 表示第 i 个样本输入的输出值；

（5）根据计算 GA 适应度，对群体进行复制、变异、交叉操作，产生下一代参数群体；

（6）若满足 GA 训练停止条件（训练误差或迭代次数）则停止训练，跳转（7），否则转向（3）；

（7）结束遗传训练，得到最终的 LS-SVM 参数向量，构建了 GA-LS-SVM 回归模型。

5.5　ABC-SVR

人工蜂群算法（artificial bee colony, ABC）（Karaboga D, et al, 2008；吴一全等，2014；李璟民等，2015）是一种模拟蜜蜂群体寻找优良蜜源的仿生智能计算方法。ABC 算法中，采蜜蜂和观察蜂的数量各占蜜蜂总体数量的一半。其中，采蜜蜂同特定食物源相关联，观察蜂观察蜂巢内采蜜蜂的舞蹈以决定选择某个食物源，而侦察蜂会随机搜索食物。

ABC-SVR 中蜜源、采蜜蜂和观察蜂的数目均设置为 SN，按照 ABC 算法的搜索过程，对 SVR 的参数 c（惩罚因子）和 g（核参数）进行寻优，算法的具体流程如下（曾涛等，2013；朱志洁等，2015）：

（1）初始化参数：设置终止迭代次数（MaxCycles）和蜜源的最大搜索次数（Limit）。

（2）随机产生 SN 处蜜源，即 SN 对 (c, g) 的参数组合，每个蜜源的位置代表一个可能解。

（3）采蜜蜂做邻域搜索，产生新解，邻域范围会随着搜索接近最优解而逐渐减小。

（4）计算每个个体的适应度值，并在当前蜜源和新蜜源之间进行贪婪选择。若搜索后的蜜源优于搜索前，则替代之前的蜜源。

（5）计算每个蜜源被选择的概率，观察蜂会以轮盘赌机制选择要跟随的蜜源进行采蜜成为采蜜蜂，并在其附近搜索新蜜源。直到达到 Limit 次搜索，否则继续进行邻域搜索。

（6）放弃经过 Limit 次搜索后仍不变的蜜源，且被放弃蜜源所对应的采蜜蜂变为侦察蜂，并随机产生新蜜源。

达到最大迭代次数 MaxCycles 后停止迭代，输出最佳适应度值所对应的 c 和 g，代入 SVR 模型对样本进行校正和预测。

参 考 文 献

左光文. 2009. 一元回归法在工程项目成本预测中的应用[J]. 广东输电与变电技术，(1)：31 - 33.

吴全. 1998. 一元回归分析系统及其在冬小麦遥感监测研究中的应用[J]. 农业工程学报，(4)：103 - 107.

蒋鳌. 2009. 多元线性回归模型在城市用水量预测中的应用[J]. 水利科技与经济，(10)：875 - 877.

曹蕾. 2008. 人体吸氧率的多元线性回归分析及预测[J]. 长春工业大学学报（自然科学版），(6)：620 - 622.

沙之杰. 2008. 多元线性回归模型预测天津市用水量[J]. 西昌学院学报（自然科学版），(2)：32 - 35.

史忠植. 2009. 神经网络[M]. 北京：高等教育出版社.

宋雷. 2008. 基于贝叶斯正则化 BP 神经网络的 GPS 高程转换[J]. 西南交通大学学报，(6)：724 - 728.

李红霞. 2006. 基于贝叶斯正则化神经网络的径流长期预报[J]. 大连理工大学学报，(Z1)：174 - 177.

钱华明，姜波，夏全喜. 2009. 基于 LM 算法的组合导航系统的故障诊断[J]. (4)：102 - 108.

曹邦兴. 2007. LM 算法在地下水动态预测中的应用研究[J]. 广西水利水电，(3)：4 - 5，16.

王子民. 2005. 基于 Levenberg-Marquardt 算法的主机入侵检测系统研究[J]. 计算机应用，(9)：2078 - 2079.

田永超，朱艳，姚霞. 2007. 基于光谱信息的作物氮素营养无损监测技术. 生态学杂志，26(7)：1454 - 1463.

王小平. 2002. 遗传算法：理论、应用与软件实现[M]. 西安：西安交通大学出版社.

孙承意，孙岩，谢克明. 2000. 思维进化——高效率的进化计算方法. 全球智能控制与自动化大会. 合肥：中国科学技术大学，118 - 121.

李波，刘占宇，黄敬峰，等. 2009. 基于 PCA 和 PNN 的水稻病虫害高光谱识别[J]. 农业工程学报，25(9)：143 - 147.

贾渊，姬长英，罗霞，等. 2007. 用基于遗传算法的 BP 神经网络识别牛肉肌肉与脂肪[J]. 农业工程学报，23(11)：216 - 219.

Vapnikvn. 1995. The nature of statistical learning theory [M]. New York：Springer-Vertag.

邓乃扬. 2004. 数据挖掘中的新方法支持向量机[M]. 北京：科学出版社.

Fang Ruiming. 2006. Induction Machine Rotor Diagnosis using Support Vector Machines and Rough Set. Lectures notes on Artificial Intelligence,4114：631.

范秋凤. 2009. 陈彦涛支持向量机及其应用研究[J]. 科技信息,(29)：105,132.

张浩然. 2009. 基于支持向量机的线性模型鲁棒参数估计[J]. 北京交通大学学报(自然科学版),(6)：81 - 85,90.

沈梁玉,于欣. 2009. 基于支持向量机的夏季电力负荷短期预测方法[J]. 华东电力,(11)：1844 - 1847.

方瑞明. 2007. 支持向量机理论及其应用分析[M]. 北京：中国电力出版社.

黎锐,李存军. 2009. 基于支持向量回归(SVR)和多时相遥感数据的冬小麦估产[J]. 农业工程学报,(7)：114 - 117.

白茂金,陈刚. 2008. 一种基于 LS-SVR 的电网在线暂态稳定性预测新方法[J]. 电力系统保护与控制,(19)：9 - 14.

Karaboga D,Basturk B. 2008. On the performance of artificial bee colony (ABC) algorithm [J]. Applied Soft Computing,8(1)：687 - 697.

吴一全,殷骏,戴一冕,等. 2014. 基于蜂群优化多核支持向量机的淡水鱼种类识别[J]. 农业工程学报,30(16)：312 - 319.

李璟民,郭敏. 2015. 人工蜂群算法优化支持向量机的分类研究[J]. 计算机工程与应用,51(2)：151 - 155.

曾涛,赵岚. 2013. 基于人工蜂群支持向量机的模拟电路故障诊断[J]. 电力科学与工程,29(8)：16 - 20.

朱志洁,张宏伟,王春明. 2015. 基于人工蜂群算法优化支持向量机的采场底板破坏深度预测[J]. 重庆大学学报,38(6)：37 - 43.

胡瑾,何东健,任静,等. 2014. 基于遗传算法的番茄幼苗光合作用优化调控模型[J]. 农业工程学报,30(17)：220 - 227.

6 水稻信息检测

6.1 样本培育

6.1.1 栽培方法

水稻样本栽培采用无土栽培方式。无土栽培是指不用天然的土壤栽培作物，而将作物栽培在营养液中，使作物能够正常生长并完成其整个生命周期。相对于土壤栽培，无土栽培更易于人工控制根际环境，以获取不同营养条件控制下的作物样本。由于无土栽培便于控制施氮施水，本章中样本培育实验采用无土栽培技术，以获取纯正的各种水分水平、氮素水平下的水稻样本。

1）营养液的配制

水稻营养液的配方很多，本实验采用国际水稻所配方，具体配方如表6.1、表6.2所示。

表6.1　正常营养液大量元素储备液配方

NH_4^+/NO_3^-	元素	营养液的元素浓度(mg/L)	使用盐类	盐类用量
50/50	N	40	NH_4NO_3	114.3
	P	10	$NaH_2PO_4 \cdot 2H_2O$	50.4
	K	40	K_2SO_4	89.3
	Ca	57.1	$CaCl_2$	158.2
	Mg	40	$MgSO_4 \cdot 7H_2O$	405

表6.2　正常营养液微量元素储备液配方

元素	营养液的元素浓度(mg/L)	使用盐类	盐类用量(mg/L)
Mn	0.50	$MnCl_2 \cdot 4H_2O$	1 500
Mo	0.05	$(NH_4)_6Mo_7O_{24} \cdot 2H_2O$	74
B	0.20	H_3SO_3	934
Zn	0.01	$ZnSO_4 \cdot 7H_2O$	35
Cu	0.01	$CuSO_4 \cdot 5H_2O$	31

注：各种盐分别溶解，再与50 ml硫酸混匀，加蒸馏水稀释至1 L。使用时每4 L营养液添加微量元素储备液5 ml。

微量元素 Fe 的配方:称取 1 L 水,取其中的大部分水加入 7.45 g EDTA-Na$_2$ 中(不溶),另一部分加入 5.57 g FeSO$_4$·7H$_2$O(溶解),然后把 EDTA-Na$_2$ 溶液放在电炉上加热至 70 ℃后溶解,再缓缓加入 FeSO$_4$·7H$_2$O 溶液,一边倒一边搅,溶液变为棕黄色,放入烘箱 70 ℃保温 2 h,每 1 L 营养液需加 Fe-EDTA 2.00 ml。微量元素 Si 的配方:每 1 L 营养液加入 568 mg 的 Na$_2$SiO$_3$·9H$_2$O 搅拌溶解。硝化抑制剂的配方:每 1 L 水加入 5.89 g 二氰胺配成母液,用时每升营养液加母液 1 ml。

缺氮样本的水稻营养液在配制大量元素储备液时,共设 3 个处理水平:

N$_1$(严重缺氮):在保证其他营养元素含量正常的情况下,减少氮元素含量 75%(即 NH$_4$NO$_3$ 的施用量为正常水平的 1/4);

N$_2$(氮营养水平正常):NH$_4$NO$_3$ 的施用量为正常水平,其他营养元素的含量正常;

N$_3$(过量氮):在保证其他营养元素含量正常的情况下,增加氮元素含量 50% (即 NH$_4$NO$_3$ 的施用量为正常水平的 3/2 倍)。

水分胁迫下的水稻栽培,共设 3 个处理水平:

W$_1$(缺水):相当于田间持水量的 60%;

W$_2$(适量水):相当于田间正常持水量;

W$_3$(过量水):在水稻的整个生长期,都采取水层管理。

营养液的水源采用江苏大学的自来水,各种盐类都是购买的纯度极高的化学试剂,根据配方要求,将化学试剂按纯品称重,配成大量元素和微量元素的储备液,以备用。

2) 水稻的无土栽培试验

水稻品种为武育粳 18 号,幼苗来自镇江市郊农田,于 2007 年 8 月 12 日在江苏大学智能化控制温室内进行移栽。用自来水将植株的根部充分清洗,去除根部的泥土,用沙子定植于水缸内,每缸种植 4 丛,平均每丛 2.5 株水稻,每缸水稻的株行距为 0.12 m×0.17 m。

不同水分、氮素条件下的水稻种植采取正交实验,共设 9 个不同水分、不同氮素处理水平,即 N$_1$W$_1$(严重缺氮、缺水)、N$_2$W$_1$(氮肥适量、缺水)、N$_3$W$_1$(氮肥过量、缺水)、N$_1$W$_2$(严重缺氮、水分适量)、N$_2$W$_2$(氮肥适量、水分适量)、N$_3$W$_2$(氮肥过量、水分适量)、N$_1$W$_3$(严重缺氮、水分过量)、N$_2$W$_3$(氮肥适量、水分过量)、N$_3$W$_3$ (氮肥过量、水分过量),且每缸为一处理水平,每一处理重复 8 次。

6.1.2 水稻光谱数据测定

光谱测定选在水稻的四个主要生育期:孕穗期、抽穗期、乳熟期、成熟期,分别进行冠层光谱和叶片光谱的数据采集。

1) 光谱仪器选定

光谱测定采用高性能光谱仪——Fieldspec(美国 ASD 公司生产)测定,波段值范围为 350~2 500 nm,其中 350~1 000 nm 光谱采样间隔为 1.4 nm,光谱分辨率为 3 nm,1 000~2 500 nm 光谱采样间隔为 2 nm,光谱分辨率为 10 nm。

2) 冠层光谱测定

通常选择晴朗无云无风天气,于 10:00—14:00(太阳高度角大于 45°)测定水稻冠层光谱反射率。测量时,光谱仪视场角定为 25°,传感器探头朝下,距冠层顶部垂直高度为 0.7 m 左右(视场直径为 0.31 m,光谱取值在冠层范围之内)。以 3 个光谱为一采样光谱,取其平均值作为该缸的光谱反射率值。测量时及时进行白板校正(标准白板反射率为 1,这样所测得的目标物光谱是无量纲的相对反射率)。不同水分、氮素条件下的水稻种植共分 9 个水平,每一水平 8 个重复,分别在 2007年的 8 月 26 日、9 月 11 日、9 月 25 日、10 月 4 日四个不同的生育期进行冠层光谱测量,平均每个生育期每一处理水平,选 8 个不同点进行冠层反射光谱测定,实验共测得 8 组数据,其中 4 组用来建模,另外 4 组用来进行模型精度的检验。

3) 叶片光谱的测定

选择具有代表性无虫害的水稻植株,每一处理选取 8 片主茎上的第一完全展开叶片,将叶片平放在反射率近似为零的黑色橡胶上,用三脚架固定光谱仪,探头垂直向下,正对所测叶片中部,每次测定部位尽量保持一致,光谱仪视场角为 8°,距样品表面 0.08 m(视场直径为 1.2 cm,略小于叶片宽度)。光谱仪电源为 50 W 卤光灯,距样品表面 0.45 m,方位角与样品表面的夹角为 70°,每次数据采集前都进行标准白板校正,并定时进行系统优化,以 3 个光谱为一采样光谱,然后求平均,即得该叶片的光谱反射率数据。和冠层光谱测量同步,平均每个生育期每一处理水平的 8 张叶片共测得 8 组光谱数据,其中 4 组用来建模,另外 4 组用来进行模型精度的检验。

6.1.3　水稻叶片水分含量与氮素含量的测定

水分含量和氮素含量的测定必须与光谱测定相关,光谱数据采集完后,在相同点上进行水稻叶片采样。采样后将样品用保鲜袋密封,迅速送回实验室进行称重、杀青、烘干等处理,以进行参数的分析和测定。实验采用烘干称重法进行叶片含水量的测定,采用凯氏定氮法对样品进行全氮含量的测定。具体测定方法和原理如下:

1) 叶片含水量测定

采用烘干称重法。在不同生育期,选取不同处理下水稻植株的第一完全展开叶各 8 片,分别称其鲜重,用烘干箱 105 ℃杀青 30 min,80 ℃以下烘 8 h 左右至恒重(烘干后,前后两次称重,重量不变)。称干重,用公式(6.1)计算叶片含水率:

$$叶片含水量(\%)=(鲜重-干重)/鲜重×100\% \tag{6.1}$$

2）全氮含量测定

Bran+Luebbe AA3 流动分析仪原理：有机含氮物质在浓硫酸及催化剂的作用下，经过强烈消化分解，其中的氮被转化为氨，在碱性条件下，氨被次氯酸钠氧化为氯化铵，进而与水杨酸钠反应产生了靛蓝染料，在 600 nm 比色测定总氮含量。

样品溶液配制：将上述烘干的叶片粉碎，保证样品成分更为均匀，然后将粉碎后的样品通过 100 目的筛孔，通不过筛孔的样品再次粉碎，直至全部样品通过。称取 0.1 g 样品于消化管中，精确至 0.000 1 g，加入浓硫酸 5.0 ml，将消化管置于消化器上消化，一开始 250 ℃消化 2 h，加入过氧化氢 H_2O_2 后，370 ℃消化 1 h，直至溶液呈无色透明。

标准溶液配置：称取 0.471 5 g 的$(NH_4)_2SO_4$ 溶于 100 ml 水配成储备液。试验中，采用 6 个水平的标准溶液浓度，见表 6.3。

表 6.3　标准液配制方案表

标准溶液浓度	吸取储备液体积	消化后用水定容至
0.60%	6.0 ml	100 ml
0.50%	5.0 ml	100 ml
0.40%	4.0 ml	100 ml
0.30%	3.0 ml	100 ml
0.20%	2.0 ml	100 ml
0.10%	1.0 ml	100 ml

实验所需试剂配置：Brij35 溶液（聚乙氧基月桂醚）：将 250 g Brij 35 加入到 1 L 水中，加热搅拌直至溶解。次氯酸钠溶液：移取 6 ml 次氯酸钠（有效氯含量≥5%）于 100 ml 的容量瓶中，用水稀释至刻度，加 2 滴 Brij35 溶液。氯化钠/硫酸溶液：称取 10.0 g 氯化钠于烧杯中，用水溶解，加入 7.5 ml 浓硫酸，转入 1 000 ml 的容量瓶中，用水定容至刻度，加入 1 ml Brij35 溶液。水杨酸钠/亚硝基铁氰化钠溶液：称取 75.0 g 水杨酸钠$(Na_2C_7H_5O_3)$，亚硝基铁氰化钠$(Na_2Fe(CN)_5NO \cdot 2H_2O)$ 0.15 g 于烧杯中，用水溶解，转入 500 ml 容量瓶中，用水定容至刻度，加入 0.5 ml Brij35。缓冲溶液：称取酒石酸钾钠$(NaKC_4H_4O_6 \cdot 4H_2O)$25.0 g，磷酸氢二钠$(Na_2HPO_4 \cdot 12H_2O)$17.9 g，氢氧化钠(NaOH)27.0 g，用水溶解，转入 500 g 容量瓶中，加入 0.5 ml Brij35。进样器清洗液：移取 40 ml 浓硫酸(H_2SO_4)于 1 000 ml 容量瓶中，缓慢加水，定容至刻度。

将各种含氮量水稻叶片干样本，研磨过筛（筛孔直径 0.1 mm）。称取 0.1 g 试料于消化管中，精确至 0.000 1 g，加入浓硫酸 5.0 ml，将消化管置于消化器上消化，一开始 250 ℃消化 2 h，加入过氧化氢 H_2O_2 后，370 ℃消化 1 h，作为试验样本。同时，配制储备液和 5 个水平浓度的标准溶液。

采用德国布朗卢比公司的 AA3 连续流动分析仪进行测氮。其已经能进行在线消解、在线溶剂萃取、在线蒸馏、在线过滤、氧化还原、在线离子交换、自动稀释、WINDOWS/NT 下全计算机自动系统控制软件。实验时,增益取 10,灯设置 2.36 V,对应 1 000 mV 的反射能量。实验得到 5 个标准溶液对应的校准直线如图 6.1 所示,相关系数达到 0.999,校准系数 $a=-2.904\ 9\text{E}-2$,$b=8.146\ 5\text{E}-6$。

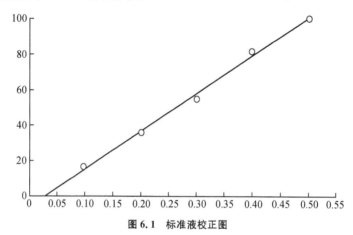

图 6.1　标准液校正图

按照式(6.2)计算出样品的总氮含量:

$$总氮\% = \frac{c}{m \times (1-W)} \times 100\%$$
(6.2)

式中:C 为样品液总氮的仪器观测值(mg);m 为试料的重量(mg);W 为试样的水分含量。

以两次测定的平均值作为测定结果,结果精确至 0.01%。

6.1.4　特征光谱选取

本章节将研究水稻含水、含氮与光谱反射率之间的关系,故特征光谱的选择十分重要。为了所提取的敏感波段具有代表性,对可见光波段区域(390~770 nm)及近红外波段区间(770~1 500 nm)、红外区域分别应用逐步回归法,结合相关性分析并参照分子光谱敏感波段表对各区间的敏感波段进行取舍。每隔 5 nm 选取一个波段,将这些波段作为因变量与叶片干基含水率或者含氮率作逐步回归,对入选的波段再进行相关分析并结合分子光谱敏感波段表,判断其最终是否入选。重复上述过程,最终确定光谱敏感波段。

在光谱分析过程中,从全谱段(本文对应于 350~2 500 nm 光谱区间)的数以千计的光谱数据中,筛选出与样本氮素和含水率水平(因变量)最相关的光谱变量作为自变量,在此基础上,应用多元线性回归分析(MLR)、逐步回归分析(SRA)、主成分回归分析(PCR)和偏最小二乘回归分析(PLS)等方法建立最佳预测模型。

也就是说希望在模型中包含与样本氮素和含水率水平相关关系最为显著的光谱特征变量以提高模型的预测精度。本章采用相关分析法和区间分段逐步回归法对水稻氮素和水分胁迫的光谱特征进行提取。

6.2 基于高光谱的水稻水分检测

6.2.1 水稻叶片含水率与冠层反射光谱的关系

1) 水稻冠层反射光谱特征

在水稻的生长发育过程中,不同的水肥处理水平显著影响水稻植株的生长,其生物量、叶面积指数以及对地面的覆盖程度等都发生变化,因而其冠层光谱反射率也发生相应的变化。在不同氮肥 N_1、N_2、N_3 处理下,水稻冠层光谱反射率的变化如图 6.2 所示(N_1、N_2、N_3、W_1、W_2、W_3 的含义参见上文),在可见光波段,光谱反射率随水稻叶片水分含量的增加而逐渐降低,且这一光谱特征在正常施氮水平下表

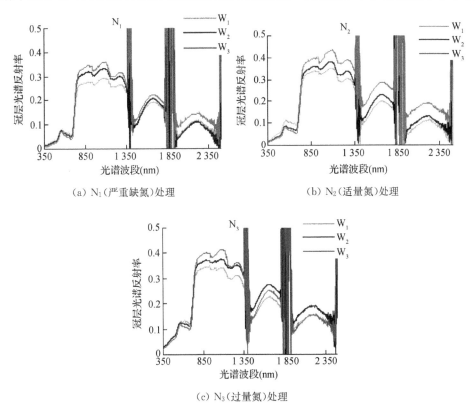

(a) N_1(严重缺氮)处理 (b) N_2(适量氮)处理

(c) N_3(过量氮)处理

图 6.2 抽穗期不同氮素处理下水稻叶片不同含水率的冠层反射光谱

现得比较明显。这主要受水稻叶片内部各种色素(叶绿素、叶黄素、胡萝卜素等)的支配,其中叶绿素的浓度起着主导作用。水分胁迫可导致植物体内叶绿素含量的下降,叶片缺水或过量水不仅影响叶绿素的生物合成,而且可以加速已形成叶绿素的分解,造成叶片发黄,光谱反射率上升。在近红外波段,光线被水稻叶片细胞多次折射和反射形成近红外平台,光谱反射率随叶片水分含量的增加而逐渐增加。这种光谱特征,在不同的氮肥处理下,光谱特征的显著性也不同。N_2 适量氮肥处理下的光谱特征要好于 N_3 过量氮肥的处理,而 N_1 严重缺氮处理下水稻的这种光谱特征最不明显。在 1 360~1 470 nm、1 830~2 080 nm 和 2 350~2 500 nm 波段是水和二氧化碳的强吸收带光量子与叶片水分中 H—O 键发生作用导致被强烈吸收光谱出现不规则性。在氮肥胁迫下,水稻叶片含水率与冠层光谱反射率的这种光谱特征,在水稻的不同生育期表现一致。

　　2)水稻叶片含水率的变化特征

　　图 6.3 是在不同的氮素处理下,水稻叶片的含水率在四个主要生育期(孕穗期、抽穗期、乳熟期、成熟期)随时间变化的曲线图。

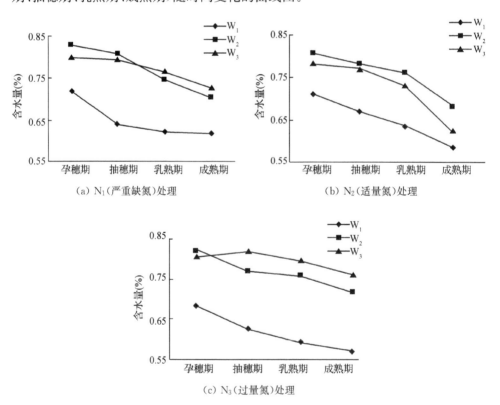

(a) N_1(严重缺氮)处理　　　　　　(b) N_2(适量氮)处理

(c) N_3(过量氮)处理

图 6.3　不同氮素处理下水稻叶片含水率随生育进程的变化

水稻在孕穗期后,由于叶片已不能进行较强的光合作用,且水分和养分开始向穗部转移,叶片逐渐衰老,水稻叶片的含水率随生育进程的推进整体呈下降趋势。但不同氮素处理下,叶片含水率的变化规律并不相同。

在 N_1 严重缺氮处理下,以 W_2 正常水分灌溉的水稻叶片含水率最高,W_1 和 W_3 处理的水稻由于同时受到水分和氮素的胁迫,对营养液的吸收并不好,但过量水分处理下的水稻叶片含水率明显高于 W_1 缺水处理下水稻叶片的含水率。在 N_2 适量氮肥处理下的水稻乳熟期后,与在 N_3 过量氮肥处理下水稻抽穗期后两个时段,由于充足的水分和养分,水稻呈现贪青晚熟的现象,W_3 处理的水稻叶片含水率高于 W_2 处理下的水稻含水率。

3) 水稻叶片含水率与冠层光谱反射率的相关分析

在 N_1 氮肥胁迫下,在拔节后的整个生育期内(包括孕穗期、抽穗期、乳熟期、成熟期),运用 Excel 数据处理软件,将不同水分处理下水稻叶片的含水率与不同波段的冠层光谱反射率值进行统计相关分析,得到如图 6.4 所示的 N_1 缺氮、N_2 适量氮肥、N_3 过量氮肥处理下的水稻叶片含水率与冠层光谱反射率值在 350 nm~2 500 nm 波段范围的相关系数曲线图。

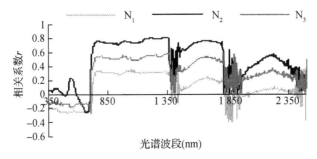

图 6.4 拔节后不同氮素处理下水稻叶片含水率与冠层光谱反射率的相关关系

从图 6.4 中可以看出,在拔节后的整个生育期内,不同氮素处理下,水稻叶片含水率与冠层光谱反射率的相关系数也不同。

N_1(严重缺氮)处理下,水稻叶片含水率与冠层光谱反射率的相关系数在(350~690 nm)波段范围内为负数,相关系数在 0.2 左右。在近红外范围内,相关系数为正值,但由于水稻严重缺氮,叶片内部组织已发生变化,其含水率变化对冠层光谱反射率的影响并不显著,相关性均在 0.3 左右。

N_2(适量氮)处理下,水稻叶片含水率与冠层光谱反射率在可见光 470~503 nm、587~700 nm 范围内,相关系数为负值,在 510~700 nm 波段,相关系数在 0.2 左右。在近红外范围内,相关系数为正值,相关性较好,在 736~1 300 nm 范围内,相关系数达 0.7 以上,1 450~1 740 nm 波段,相关系数达 0.6 以上。

　　N_3(过量氮)处理下,水稻叶片含水率与冠层光谱反射率的相关性比 N_2 处理下的相关性差,但整体水平比 N_1 处理下的相关性要好。在可见光范围内,相关系数为负值,相关性较差。近红外范围内,相关系数为正值,相关性较好,在 730~1 300 nm 范围内,相关系数达 0.5 以上,1 450~1 740 nm 波段,相关系数达 0.4以上。

　　根据以上分析,在拔节后的整个生育期内,不同氮肥处理下,水稻叶片含水率与冠层光谱反射率在可见光波段相关性并不好,而在近红外波段具有较高的相关性,在 736~1 300 nm 波段范围内,水稻叶片含水率与冠层光谱反射率显著相关,这是因为不同水分处理下,水稻叶片的色素含量和比例、叶片内部结构和冠层结构发生变化,而近红外波段蕴含了丰富的作物体结构信息,因此,水稻叶片的含水率与近红外波段反射率的相关性较好。在 1 360~1 470 nm、1 830~2 080 nm、2 350~2 500 nm 是水和二氧化碳的强吸收带,相关系数比较紊乱,相关性较差。

　　4) 水稻叶片含水率一元回归估算模型研究

　　根据特征光谱选取方法,根据相关系数曲线,选取 450 nm、600 nm、960 nm、1 450 nm、1 500 nm、1 650 nm、1 880 nm 作为敏感波段,在水稻不同的生育期,不同氮素水平处理下,对水稻叶片含水率与冠层光谱特征波段反射率进行相关分析。不同生育期不同氮素处理下水稻叶片含水率与特征波段反射率的相关系数如表 6.4 所示。

表 6.4　不同生育期不同氮素处理下水稻叶片含水率与特征波段反射率的相关系数

		R_{450}	R_{600}	R_{960}	$R_{1\,450}$	$R_{1\,500}$	$R_{1\,650}$	$R_{1\,880}$
孕穗期	N_1	0.854 655	0.867 354	0.923 456	0.817 69	0.878 768	0.865 755	0.858 718
	N_2	0.754 676	0.974 556	0.998 96	0.992 31	0.985 365	0.845 444	0.889 901
	N_3	0.847 676	0.984 524	0.999 882	0.920 894	0.984 674	0.796 575	0.849 338
抽穗期	N_1	0.867 567	0.884 556	0.813 574	0.887 145	0.785 635	0.865 765	0.838 45
	N_2	0.853 454	0.995 454	0.985 672	0.973 168	0.945 655	0.856 756	0.644 154
	N_3	0.842 344	0.986 452	0.935 681	0.905 028	0.965 365	0.885 651	0.986 639
乳熟期	N_1	0.787 878	0.245 345	0.385 667	0.002 59	0.845 6 55	0.878 653	0.847 45
	N_2	0.887 666	0.853 453	0.875 563	0.841 291	0.865 635	0.799 978	0.996 66
	N_3	0.865 476	0.634 555	0.734 563	0.897 35	0.656 456	0.759 876	0.884 68
成熟期	N_1	0.857 855	0.234 544	0.278 353	0.059 943	0.887 993	0.856 755	0.910 079
	N_2	0.845 645	0.899 666	0.856 564	0.818 495	0.824 092	0.854 345	0.813 737
	N_3	0.853 349	0.667 376	0.673 454	0.814 282	0.696 118	0.856 544	0.719 678

　　从表中可见:在不同氮素处理下,叶片含水率与不同波段的光谱反射率的相关

性也不同,总体上以 N_2 处理下的相关性最好,N_3 处理下的相关性略好于 N_1 处理下的相关性。分析在不同生育期、不同氮肥胁迫下,水稻叶片含水率与各光谱反射率的相关性,发现在孕穗期,以 960 nm 波段的光谱反射率与叶片含水率的相关性最好。

以孕穗期为例,应用 Excel 数据处理软件,对不同氮素处理下的水稻,将 R_{960} 与叶片的水分含量作显著性检验,去掉奇异点,选取 32 组数据建立基于水稻叶片光谱指数的叶片含水率一元回归模型:

$$Y = 0.823\ 4X - 0.767\ 7 \tag{6.3}$$

式中:X 为 960 nm 波段反射率;Y 为实测水稻叶片含水率。

该模型的数据点个数为 32,相关系数 R^2 为 0.709,标准误差为 0.079 56。

为了检验模型的可靠性和普适性,用另外 36 组样本对所建立的方程在水稻孕穗期对不同氮肥 N_1、N_2、N_3 处理下的水稻叶片含水率进行了验证,并采用国际上常用的统计方法(相对误差率)对模拟值和实测值之间的符合度进行检验,计算结果如表 6.5 所示。

表 6.5　孕穗期水稻叶片含水率预测值与实测值检验数据

N_1 氮素处理			N_2 氮素处理			N_3 氮素处理		
实测值	预测值	相对误差率	实测值	预测值	相对误差率	实测值	预测值	相对误差率
0.666 7	0.766 534	13.02%	0.648 7	0.581 116	10.42%	0.657 1	0.738 643	11.04%
0.697	0.767 697	9.2%	0.661 2	0.757 497	12.71%	0.584 4	0.685 66	14.77%
0.709 3	0.791 313	8.96%	0.610 2	0.694 601	9.55%	0.630 7	0.724 56	12.95%
0.612	0.673 483	9.12%	0.638 4	0.713 482	10.52%	0.638 6	0.714 565	10.63%
0.778 7	0.874 333	8.91%	0.792 2	0.706 175	10.86%	0.799 1	0.885 644	9.77%
0.796 4	0.885 312	10.04%	0.740 1	0.683 231	7.68%	0.764 6	0.831 344	8.03%
0.807 1	0.897 233	10.04%	0.781 1	0.704 454	9.81%	0.756 4	0.865 355	12.59%
0.781	0.882 342	11.49%	0.818	0.891 546	8.25%	0.759 7	0.700 657	7.77%
0.794	0.702 332	11.55%	0.820 1	0.898 343	8.71%	0.804 6	0.893 45	9.94%
0.736	0.852 211	13.64%	0.808 4	0.893 454	9.52%	0.847 4	0.951 659	10.96%
0.785 7	0.874 54	10.16%	0.758 9	0.883 377	14.09%	0.835 6	0.964 55	13.37%
0.765 9	0.888 33	13.78%	0.853 3	0.763 443	10.53%	0.779 2	0.864 45	9.86%
平均相对误差率		10.83%	平均相对误差率		10.22%	平均相对误差率		10.97%

结果表明,利用水稻冠层 960 nm 波段的反射率,建立的叶片含水率的预测模型,在孕穗期,对不同氮肥处理下的水稻含水率预测效果较好,平均相对误差率达 10.67%。从表中得出 N_1 氮素处理下的相对误差率为 10.83%,N_2 氮素处理下的

相对误差率为 10.22%，N_3 氮素处理下的相对误差率为 10.97%，总体以 N_2 适量氮肥处理下，水稻叶片水分含量的预测模型效果最好。

从图 6.5 可以看出，基于冠层光谱的反射率所建立的一元回归模型对水稻叶片水分含量的预测具有一定的估算能力，呈线性关系，相关系数达 0.809。

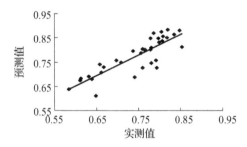

图 6.5　水稻叶片含水率实测值与预测值模型检验

5）水稻叶片含水率多元回归估算模型研究

以孕穗期为例，选取相关性较好的 7 组比值植被指数 R_{450}、R_{600}、R_{960}、$R_{1\,450}$、$R_{1\,500}$、$R_{1\,650}$、$R_{1\,880}$ 作为自变量，水稻叶片含水量的实测值为因变量，建立叶片含水率的多元回归模型：

$$Y = 0.718\ 3 - 1.579\ 7x_1 + 0.398\ 5x_2 + 1.231\ 1x_3 +$$
$$0.174\ 6x_4 - 0.096\ 65x_5 + 0.145\ 3x_6 - 0.007x_7 \tag{6.4}$$

其标准误差为 0.017 299，式中，$X_1 = R_{450}$，$X_2 = R_{600}$，$X_3 = R_{960}$，$X_4 = R_{1\,450}$，$X_5 = R_{1\,500}$，$X_6 = R_{1\,650}$，$X_7 = R_{1\,880}$；Y 为实测水稻叶片含水率。

该模型的数据点个数为 35，相关系数 R^2 为 0.83，标准误差为 0.032 148。

为了检验模型的可靠性和普适性，用另外 36 组样本对所建立的方程在水稻抽穗期，对不同氮肥 N_1、N_2、N_3 处理下的水稻叶片含水率进行了验证，并采用国际上常用的统计方法（相对误差率）对模拟值和实测值之间的符合度进行检验，计算结果如表 6.6。

表 6.6　孕穗期水稻叶片含水率预测值与实测值检验数据

N_1 氮素处理			N_2 氮素处理			N_3 氮素处理		
实测值	预测值	相对误差率	实测值	预测值	相对误差率	实测值	预测值	相对误差率
0.666 7	0.731 692	9.11%	0.648 7	0.712 616	8.97%	0.657 1	0.730 631	10.06%
0.697	0.767 85	9.22%	0.661 2	0.729 102	9.31%	0.584 4	0.640 73	8.8%
0.709 3	0.790 555	10.28%	0.610 2	0.676 222	9.76%	0.630 7	0.701 225	10.06%
0.612	0.693 357	11.73%	0.638 4	0.710 115 8	10.1%	0.638 6	0.700 636	8.86%
0.778 7	0.871 814	10.68%	0.792 2	0.720 17	9.09%	0.799 1	0.726 531	9.08%

N₁ 氮素处理			N₂ 氮素处理			N₃ 氮素处理		
0.796 4	0.892 188	10.74%	0.740 1	0.812 839	8.95%	0.764 6	0.688 634	9.93%
0.807 1	0.739 708	8.35%	0.781 1	0.872 983	10.53%	0.756 4	0.687 771	9.07%
0.781	0.874 638	10.88%	0.818	0.736 485	9.96%	0.759 7	0.834 659	9.06%
0.794	0.723 376	8.89%	0.820 1	0.738 668	10.17%	0.804 6	0.716 603	10.94%
0.736	0.667 203	9.35%	0.808 4	0.736 082	8.95%	0.847 4	0.767 696	9.5%
0.785 7	0.709 336	9.72%	0.758 9	0.827 669	8.3%	0.835 6	0.751 103	10.11%
0.765 9	0.695 03	9.25%	0.853 3	0.763 308	10.55%	0.779 2	0.700 812	10.06%
平均相对误差率		9.85%	平均相对误差率		9.55%	平均相对误差率		9.63%

结果表明,利用水稻冠层光谱反射率,建立的叶片含水率的多元回归预测模型,在孕穗期,对不同氮肥处理下的水稻含水率预测效果较好,平均相对误差率达 9.67%,总体以 N₂ 适量氮肥处理下,预测模型对水稻叶片水分含量的预测效果最好。

从图 6.6 可以看出,基于冠层光谱的比值植被指数所建立的多元回归模型对水稻叶片水分含量的预测效果较好,相关系数达 0.824。

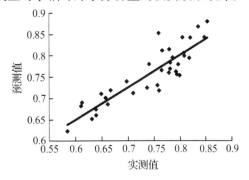

图 6.6　水稻叶片含水率实测值与预测值模型检验

比较一元回归和多元回归,由于多元线性回归研究的是一个因变量与多个自变量的回归分析,在预测水稻叶片的水分含量方面,多元回归模型的相关系数均大于一元回归模型,相对误差率要小于一元回归模型。因此,在预测水稻叶片含水率时将均采用多元回归模型。

6) 水稻叶片含水率 LM 算法神经网络模型研究

研究利用冠层光谱反射率对水稻含水状况进行定量分析的方法,将整个光谱曲线以等区间宽度进行分段,对照分子光谱敏感波段表,选取敏感特征波长,求得特征光谱反射率值作为特征值。基于 BP 神经网络收敛速度慢,引入 LM 算法对神经网络权值进行更新,利用 LM 算法神经网络的快速学习功能,建立水稻含水率定量分析预测模型。

表 6.7 为部分实验的水稻叶片含水率数据。

表 6.7　部分实验的水稻叶片含水率数据

水　量	2007 年 9 月 27 日	2007 年 10 月 4 日	2007 年 10 月 9 日	2007 年 10 月 16 日
缺　水	0.754 6	0.729 2	0.708 9	0.686
适量水	0.797 4	0.770 1	0.753 3	0.735 7
过量水	0.785 6	0.758 4	0.744	0.715 9

　　在可见光及近红外区域,随着含水率的上升光谱反射率均有所下降。如图 6.7 所示,Z_1 表示缺水情况,Z_2 表示适量水情况,Z_3 表示过量水情况。在可见光部分的 450 ～ 470 nm、540 ～ 570 nm、700～730 nm 区间有较明显的反射峰,两者相关性较高;

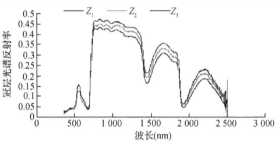

图 6.7　水稻冠层光谱反射率图

在近红外区域,930～970 nm、1 430～1 460 nm 及 1 630～1 670 nm 附近的光谱反射率也与叶片含水率之间存在很高的相关性。分别取以上六个区间的光谱反射率的平均值作为特征值。故神经网络的输入层节点数为 6,隐含层节点数取 15,输出层节点取 1。将 LM 算法应用于神经网络权值更新,训练网络。

　　针对 LM 神经网络与 BP 神经网络,分别选取 200 个样本进行实验,其中 120 个样本作为神经网络的训练样本,选取剩余的 80 个样本作为测试样本,进行测试实验。实验结果如图 6.8、图 6.9 所示。LM-BP 网络真实含水率与预测含水率对比图如图 6.8 所示,测试的平均误差率为 5.02%,BP 网络真实含水率与预测含水率对比图如图 6.9 所示。

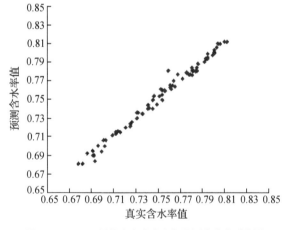

图 6.8　LM-BP 网络真实含水率与预测含水率对比图

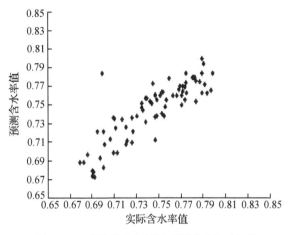

图 6.9　BP 网络真实含水率与预测含水率对比图

试验表明,采用 LM 算法神经网络进行水稻含水率预测,效果很好。

7) 水稻叶片含水率 GA-BP-Network 模型研究

基于水稻叶片含水状况与冠层光谱反射率存在关联,力求构建水稻含水率模型。以水稻拔节期为例,同时测量室外水稻冠层反射率和叶片含水率,依据水稻叶片含水率与各光谱波段反射率之间的相关性系数,选取高相关性系数对应的光谱特征波段。BP 神经网络具有回归预测能力,但其初始权值对网络训练、预测回归结果影响较大却难以

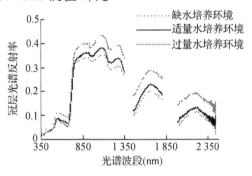

图 6.10　水稻冠层室外光谱反射率图

确定,采用遗传算法对 BP 神经网络的初始权值进行优化处理。分别应用 BP 神经网络和 GA-BP-Network、传统多元线性回归方法建立预测模型,对水稻叶片测试样本进行测试试验。试验表明,GA-BP-Network 模型的预测含水率值与真实值平均误差率为 3.9%,最大误差率为 6.1%,均比 BP 神经网络、传统多元线性回归预测模型有了很大的改善,提高了预测水稻叶片含水率的准确性(见图 6.10)。

表 6.8 为不同施水量水平分别对应的随机选取的 10 个盆中培育的水稻叶片的含水率情况表,其中将各盆中的随机选取的水稻冠层上部、中部、下部各两片叶片的含水率取平均值作为该缸水稻叶片的含水率。由表 6.8 可以看出,水稻叶片的含水率与施水量水平有着很大的关联,也达到了培育不同含水率水稻叶片样本的目的。

为了所提取的敏感波段具有代表性,对可见光波段区域(390～770 nm)及近红

外波段区间(770~1 500 nm)、红外区域分别应用逐步回归法,结合相关性分析并参照分子光谱敏感波段表对各区间的敏感波段进行取舍。每隔 5 nm 选取一个波段,将这些波段作为因变量与叶片干基含水率作逐步回归,对入选的波段再进行相关分析并结合分子光谱敏感波段表,判断其最终是否入选。重复上述过程,最终确定 600 nm、740 nm、810 nm、960 nm、1 200 nm、1 490 nm、1 660 nm 可作为光谱敏感波段,故选取以上 7 个波段光谱反射率作为特征波段向量值。

表 6.8　水稻叶片含水率与营养液施水量关系表

营养液施水量	各水稻样本含水率情况										
	1	2	3	4	5	6	7	8	9	10	均值
缺水	0.716 2	0.729 3	0.711 5	0.725 4	0.732 1	0.721 5	0.720 6	0.716 9	0.729 5	0.730 5	0.723 6
适量水	0.758 4	0.748 5	0.762 5	0.770 1	0.775 4	0.759 5	0.749 6	0.758 5	0.750 1	0.762 3	0.759 5
过量水	0.772 5	0.785 6	0.797 4	0.790 2	0.781 5	0.777 8	0.793 2	0.783 6	0.776 2	0.785 9	0.784 4

建立模型时,根据水稻叶片含水率与冠层光谱反射率之间的相关性,选取以上 7 个波段光谱反射率作为特征波段向量值,所以样本的输入向量为 7 个输入量;将每盆中的随机选取的水稻冠层上部、中部、下部六片叶片的含水率取平均值作为该盆水稻叶片的含水率,所以输出向量为 1 个输出量。栽培水稻时,三种水量水平情况下各 30 盆水稻,所以共得到 90 个样本,其中 70 个训练样本和 20 个测试样本。

BP 神经网络与遗传神经网络的输入层节点数为 7,输出层节点数为 1,隐含层节点数取 15。利用训练样本,分别使用 BP 神经网络和遗传神经网络进行训练实验。图 6.11 为 BP 神经网络训练的误差曲线图,当训练步数达到 2 000 时,其训练误差达到 1.748×10^{-3}。图 6.12 为遗传 BP 神经网络模型的训练误差曲线图,当训练步数达到 2 000 时,其训练误差将达到 9.48×10^{-4},而且整个训练曲线平整,无明显振荡跳变。

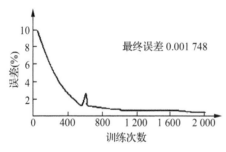

图 6.11　BP 神经网络训练误差曲线

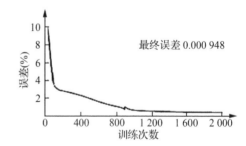

图 6.12　遗传神经网络训练误差曲线

作为对比,基于相同的训练样本数据,利用数理统计中的多元线性回归方法进行建模,即通过对变量的观测数据进行统计分析,确定变量之间的关系,实现预测建模。将"水稻叶片含水率"设为因变量 Y，将 7 个水稻冠层光谱特征值分别设为解释变量 x_1、x_2、x_3、x_4、x_5、x_6、x_7，使用 SPSS11.5 统计软件对原始数据进行标准化处理，并进行多元线性回归分析，得出 β_i 值，如下：

$$\beta_0 = 0.916\ 8, \quad \beta_1 = -1.338\ 6, \quad \beta_2 = 0.345\ 6, \quad \beta_3 = 1.322\ 5$$
$$\beta_4 = 0.196\ 3, \quad \beta_5 = -0.102\ 4, \quad \beta_6 = 0.140\ 8, \quad \beta_7 = -0.019\ 7$$

可以得出多元线性回归模型：

$$Y = 0.916\ 8 - 1.338\ 6x_1 + 0.345\ 6x_2 + 1.322\ 5x_3 +$$
$$0.196\ 3x_4 - 0.102\ 4x_5 + 0.140\ 8x_6 - 0.019\ 7x_7 \tag{6.5}$$

利用相同的 20 个测试样本，分别使用 BP 神经网络模型和遗传神经网络模型、多元线性回归模型进行预测试验，得到的预测结果如表 6.9 所示。

其中：

$$相对误差 = \frac{\|预测值 - 真实值\|}{真实值} \tag{6.6}$$

表 6.9 测试样本预测值与真实值比较

样本编号	真实测量值	BP 神经网络		遗传 BP 神经网络		多元线性回归	
		预测值	相对误差	预测值	相对误差	预测值	相对误差
1	0.776	0.727	6.3%	0.733	5.5%	0.695	10.4%
2	0.789	0.839	6.3%	0.835	5.8%	0.719	8.8%
3	0.701	0.74	5.6%	0.733	4.6%	0.648	7.5%
4	0.791	0.733	7.3%	0.759	4.0%	0.719	9.1%
5	0.704	0.755	7.2%	0.726	3.1%	0.611	13.2%
6	0.795	0.743	6.5%	0.778	2.1%	0.731	8.1%
7	0.721	0.776	7.6%	0.758	5.1%	0.641	11.1%
8	0.723	0.777	7.5%	0.754	4.3%	0.649	10.2%
9	0.742	0.691	6.9%	0.72	3.0%	0.672	9.4%
10	0.736	0.789	7.2%	0.77	4.6%	0.682	7.3%
11	0.729	0.776	6.4%	0.754	3.4%	0.652	10.6%
12	0.747	0.692	7.4%	0.728	2.5%	0.676	9.5%
13	0.733	0.779	6.3%	0.757	3.3%	0.786	7.2%
14	0.754	0.698	7.4%	0.722	4.2%	0.678	10.1%
15	0.759	0.701	7.6%	0.729	4.0%	0.834	9.9%
16	0.762	0.713	6.4%	0.743	2.5%	0.842	10.5%
17	0.771	0.712	7.7%	0.724	6.1%	0.709	8.0%
18	0.691	0.749	8.4%	0.708	2.5%	0.754	9.1%
19	0.768	0.725	5.6%	0.739	3.8%	0.689	10.3%
20	0.665	0.721	8.4%	0.696	4.7%	0.728	9.5%

测试试验中,BP 神经网络的平均相对误差为 7.0%,遗传 BP 神经网络的平均相对误差为 3.955%,多元线性回归模型的平均相对误差为 9.49%,可见遗传 BP 神经网络比 BP 神经网络、多元线性回归模型的预测精度有了很大的提高。

遗传 BP 神经网络算法是在 BP 神经网络的基础上,利用遗传算法优化初始权值得到的一种预测回归算法。本章节分别利用 BP 神经网络、遗传 BP 神经网络、多元线性回归方法对水稻叶片含水率进行预测建模。测试实验表明,遗传 BP 神经网络预测结果的精确度明显高于 BP 神经网络、多元线性回归模型的精确度。实际应用中,现场采集某生长期的水稻冠层光谱反射率,输入预测模型中,就可智能检测出当前含水情况,这种无损检测方法大大提高了测量水分的效率,并且可以推广应用于其他用于预测测量的领域,具有广泛的实际应用价值和推广意义。

8) 水稻叶片含水率支持向量机模型研究

利用光谱分析仪采集水稻冠层光谱反射率,依据水稻叶片含水率值与各光谱波段反射率之间的相关性系数,选取高相关性系数对应的光谱特征波段。研究支持向量机算法,选定 RBF 函数(Radial basis function)作为核函数,应用水稻冠层光谱反射率特征值与相应的水稻叶片含水率值作为训练样本,利用基于交叉验证的网格搜索法训练并优化参数 γ 和 σ^2,建立水稻叶片含水率支持向量回归模型。分别应用支持向量机模型和传统多元线性回归模型,对测试样本进行测试试验,得到支持向量回归模型的预测含水率值与实际值的相关系数为 0.944 2,预测的平均误差为 4.32%,传统多元线性回归模型的预测含水率与实际值的相关系数为 0.866 3,预测的平均误差为 9.45%。试验表明,支持向量回归模型可提高预测含水率的准确性。

采用测量范围为 350～2 500 nm 的光谱分析仪采集得到光谱反射率。以孕穗期为例,如图 6.13 所示为试验中水稻孕穗期时的正常培育的样本冠层光谱反射率图。

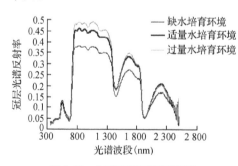

图 6.13　水稻冠层光谱反射率图

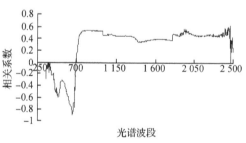

图 6.14　水稻叶片含水率及冠层光谱反射率相关性图

  基于光谱冠层反射率数据及其对应的水稻叶片含水率数据,分析它们的相关性关系,得到的水稻叶片含水率与冠层光谱反射率之间的相关性系数如图 6.14 所示。由统计数据可以看出,可见光波段区域(390~770 nm)中 450 nm、600 nm 波段相关性极高,可作为光谱敏感波段,近红外波段区间内,960 nm 相关性极高,可作为该区域的光谱敏感波段,红外区域中 1 450 nm、1 500 nm、1 650 nm、1 880 nm 可作为光谱敏感波段。所以选取以上七个波段光谱反射率作为特征波段向量值。

  建立模型时,特征选择很重要,本章节根据给定的含水率与冠层光谱反射率之间的相关性系数选出有效的特征波段。选取以上七个波段光谱反射率作为特征波段向量值,作为支持向量机的输入因子。

  当训练集给定之后,在用支持向量机寻找决策函数时,首先要选择支持向量机中的核函数和其中的参数。常见的核函数有多项式、径向基(RBF)、Sigmoid 等三种类型。一般在没有先验知识指导的情况下,用径向基函数往往能够得到较好的拟合结果。径向基函数可以将非线性样本数据映射到高维特征空间。确定了核函数后,就要对核函数的参数进行优化,所建立的模型受核函数参数的影响比较大,径向基核函数所要确定的参数有参数 γ 和 σ^2。

  SVR 建模时,选取 200 个水稻叶片含水率和冠层光谱反射率样本作为总样本,100 个样本作为训练样本,50 个样本作为交叉验证样本,其他 50 个样本作为测试样本。初始化时,$\gamma=20$,$\sigma^2=1$,进行交叉验证(rcrossvalidate)操作,求取代价参数 $cost=4.484\ 6\times10^{-6}$,再进行调整操作(tunelssvm),求得最终的 $\gamma=313.831\ 9$ 和 $\sigma^2=1.383\ 6$,经过训练(trainlssvm)后,得到 ω 和 b,从而得到回归函数。

  作为对比,基于相同数据,利用数理统计中的多元线性回归方法进行预测,即通过对变量的观测数据进行统计分析,确定变量之间的关系,实现预测目的。同样采用以上特征波段向量作为输入变量,建模得到的模型为:

$$Y=0.718\ 3-1.579\ 7x_1+0.398\ 5x_2+1.231\ 1x_3+$$
$$0.174\ 6x_4-0.096\ 65x_5+0.145\ 3x_6-0.007x_7 \tag{6.7}$$

其标准误差为 0.017 299。

  图 6.15 为 SVR 算法模型中预测值与实测值的对比图,预测结果的平均相对误差为 4.32%,最大预测误差为 6.35%,该方法预测结果与实测值的相关系数达到 0.944 2。图 6.16 为传统多元线性回归模型中预测值与实测值的对比图,多元线性回归方法的预测平均相对误差为 9.45%,最大预测误差为 12.65%,预测含水率与实际值的相关系数为 0.866 3,通过对两种算法模型的实验结果比较,可以看出,采用基于 SVR 预测模型性能明显优于传统多元线性预测模型。

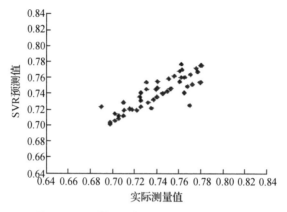

图 6.15　SVR 模型的试验预测值与实测值对比图

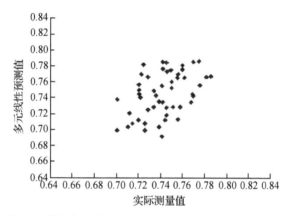

图 6.16　传统多元线性回归模型的试验预测值与实测值对比图

采用 SVR 算法建模是对水稻叶片含水率无损检测的一种新方法,其在历史数据的基础上学习训练网络,寻找出输入输出之间的最优函数关系,实验表明,该方法预测结果与实测值的相关系数达到 0.944 2,预测结果的平均相对误差为4.32%,较传统的多元线性回归方法有了明显提高。而且这种方法具有训练样本少,泛性广的优点,可以推广于其他用于预测测量领域,具有广泛的实际应用价值和推广意义。

6.2.2　水稻叶片含水率与叶片反射光谱的关系

1）水稻叶片反射光谱特征

水稻叶片的光谱反射率与叶片表面特征、叶片厚度、水分含量、养分含量、叶绿素等色素含量有密切的关系。由于水稻叶片的水分含量占其重量的 60%～80%,所以水分对叶片光谱反射率的影响要比其他生理参数大得多,这样就使其在不同的水分胁迫下表现出的光谱特征差异较为明显。

通过分析室内水稻叶片的光谱反射率曲线图 6.17 所示,在不同氮肥 N_1、N_2、N_3 处理下,水稻叶片的光谱反射率与叶片含水率在可见光波段内,光谱反射率随叶片含水率的增加而逐渐减少,这在适量氮肥 N_2 处理下,光谱特征表现得较为明显。在 N_1、N_3 处理下,由于受到氮肥胁迫,叶片含水率与叶片光谱反射率这一关系并不明显。在近红外波段内,水稻叶片的光谱反射率随着叶片含水率增加呈上升趋势,这种光谱差异,在近红外波段大于可见光区,且不同氮肥处理下,叶片含水率与叶片光谱反射率都遵循这一基本规律。近红外长波段(1 300~2 500 nm)有三个明显的吸收谷,在 1 450 nm、1 950 nm、2 500 nm 附近,这主要是由叶片内水分状况所决定的,同纤维素、木质素、氮的积累量也有一定的关系。

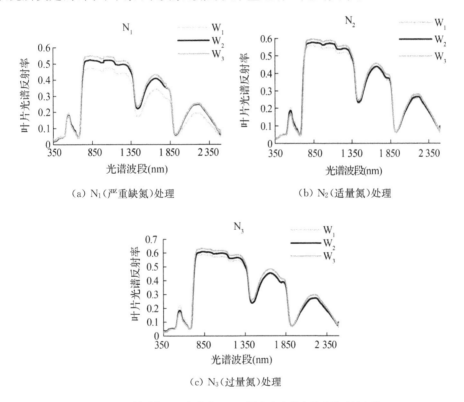

图 6.17　抽穗期不同氮素处理下不同含水率的水稻叶片反射光谱

2) 水稻叶片含水率与叶片光谱反射率的相关分析

植物的化学和形态学特征决定了植物的光谱特征,而它的光谱曲线趋势与其生物物理参数有密切的关系。在 N_1 氮肥胁迫下,在拔节后的整个生育期内(包括孕穗期、抽穗期、乳熟期、成熟期),运用 Excel 数据处理软件,将不同水分处理下水稻叶片的含水率与不同波段的叶片光谱反射率值,进行统计相关分析,得到如图 6.18 所示的 N_1 缺氮处理下水稻叶片含水率与叶片光谱反射率值在 350～2 500 nm 波段范围的相关系数曲线图。N_2 适量氮肥、N_3 过量氮肥的数据处理方法相同。

从图 6.18 中可以看出,不同氮肥处理下,水稻叶片含水率与叶片光谱反射率的相关系数也不同。

在可见光波段范围内,N_1 处理下的水稻在 560～690 nm、N_2 处理下的水稻在 380～702 nm、N_3 处理下的水稻在 630～694 nm 波段,水稻叶片含水率与叶片光谱反射率的相关系数为负值,在 580～670 nm 范围内,以适量氮肥 N_2 处理下的相关性较好,相关系数均在 0.3 以上,缺氮 N_1 和过量氮 N_3 处理下的相关性较差,这主要是由于叶片在可见光波段内,植物光谱反射主要受叶绿素和其他各种色素控制。在氮肥胁迫下,水稻叶片的氮含量和叶色已发生变化,叶片含水率与叶片光谱反射率的相关性并不明显,相关系数在 0.2,未达到显著水平。

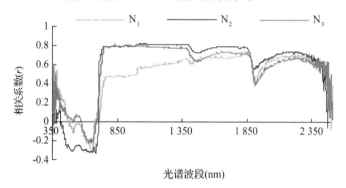

图 6.18　拔节后不同氮素处理下水稻叶片含水率与叶片光谱反射率的相关关系

在近红外短波段 700～1 300 nm 范围内,不同氮素 N_1、N_2、N_3 处理下,水稻叶片含水率与叶片光谱反射率的相关系数为正值,相关性明显高于可见光波段,在 712～1 300 nm 波段范围内,以 N_2、N_3 处理下的相关性最好,相关系数均在 0.7 以上;N_1 严重缺氮处理下的水稻,在 720～1 000 nm 波段范围内,相关系数在 0.4 以上,在 1 000～1 200 nm 波段范围内,相关系数均在 0.5 以上。这主要是由于在近红外波段光谱反射率的高低,主要受叶片结构、叶片内细胞的大小、细胞壁的排列方向和细胞质异质性的影响,在不同氮肥处理下,水分胁迫导致水稻叶片的内部结构发生变化,引起某些波长的光谱反射和吸收产生差异,从而产生了不同的光谱反射率。

在近红外长波段(1 300～2 500 nm)范围内,叶片水分吸收主导了该波段的光谱反射率特征,在(1 300～1 850 nm)波段范围内,不同氮肥 N_1、N_2、N_3 处理下,水稻叶片的含水率与光谱反射率的相关性较好,相关系数均在 0.6 以上,此波段为水分的强吸收带,叶片水分的吸收受大气中水汽的强烈干扰,所以相关性较近红外短波段要差些。

3) 基于叶片光谱的水稻叶片含水率多元回归估算模型

根据相关系数曲线,在 700～1 300 nm 波段,选取 720 nm、860 nm、980 nm 作为敏感波段,在 1 300～2 500 nm 波段选取 1 400 nm、1 500 nm、1 690 nm 作为敏感波段,在水稻不同的生育期,不同氮素水平处理下,对水稻叶片含水率与叶片光谱反射率进行相关分析。选取相关系数较好的 6 组数据,见表 6.10。

表 6.10　不同生育期不同氮素处理下水稻叶片含水率与叶片光谱比值指数的相关系数

类别		R_{720}	R_{860}	R_{980}	$R_{1\,400}$	$R_{1\,500}$	$R_{1\,690}$
孕穗期	N_1	0.875 715	0.804 68	0.983 574	0.783 19	0.899 64	0.800 276
	N_2	0.895 744	0.877 88	0.984 59	0.853 86	0.951 131	0.889 05
	N_3	0.841 498	0.833 21	0.973 24	0.847 172	0.715 139	0.741 48
抽穗期	N_1	0.861 29	0.785 74	0.861 247	0.855 578	0.857 455	0.792 27
	N_2	0.905 35	0.914 266	0.984 745	0.998 834	0.999 941	0.948 55
	N_3	0.807 19	0.841 64	0.940 25	0.615 252	0.824 36	0.843 03
乳熟期	N_1	0.889 41	0.817 923	0.860 424	0.860 841	0.880 18	0.822 03
	N_2	0.975 29	0.924 833	0.938 88	0.966 783	0.996 46	0.890 27
	N_3	0.875 61	0.768 933	0.890 93	0.768 44	0.768 204	0.891 76
成熟期	N_1	0.891 43	0.873 798	0.832 32	0.805 371	0.897 83	0.726 08
	N_2	0.848 608	0.897 67	0.922 17	0.883 56	0.807 257	0.859 51
	N_3	0.792 393	0.855 084	0.740 99	0.696 84	0.656 172	0.770 94

从表中可见:在不同氮素处理下,叶片的含水率与不同波段的光谱反射率的相关性也不同,总体上以 N_2 处理下的相关性最好,N_3 处理下的相关性略好于 N_1 处理下的。分析在不同生育期、不同氮肥胁迫下,叶片水分含量与各光谱反射率的相关性,发现在孕穗期,以 980 nm 波段的光谱反射率与叶片含水率的相关性最好。应用 Excel 数据处理软件,以在孕穗期为例,对不同氮素处理下的水稻,将 R_{720}、R_{860}、R_{980}、$R_{1\,400}$、$R_{1\,500}$、$R_{1\,690}$ 作为自变量,水稻叶片含水量的实测值为因变量,建立叶片含水率的多元回归模型:

$$Y = 1.004\,045X_1 - 1.025\,89X_2 + 0.226\,395X_3 - 0.167\,73X_4 +$$
$$15.767\,81X_5 - 0.556\,86X_6 - 14.753\,8 \qquad (6.8)$$

式中:X_1 为 R_{720};X_2 为 R_{860};X_3 为 R_{980};X_4 为 $R_{1\,400}$;X_5 为 $R_{1\,500}$;X_6 为 $R_{1\,690}$;Y 为实测水稻叶片含水率。

该模型的数据点个数为 36,相关系数 R^2 为 0.795,标准误差为 0.034 882。

　　为了检验模型的可靠性和普适性,用另外 36 组样本对所建立的方程在水稻抽穗期,对不同氮肥 N_1、N_2、N_3 处理下的水稻叶片含水率进行了验证,并采用国际上常用的统计方法(相对误差)对模拟值和实测值之间的符合度进行检验,计算结果如表 6.11 所示。

表 6.11　孕穗期水稻叶片含水率预测值与实测值检验数据

N_1 氮素处理			N_2 氮素处理			N_3 氮素处理		
实测值	预测值	相对误差率	实测值	预测值	相对误差率	实测值	预测值	相对误差率
0.666 7	0.757 616	12%	0.648 7	0.736 693	11.94%	0.657 1	0.745 574	11.86%
0.697	0.780 611	10.71%	0.661 2	0.732 766	9.76%	0.584 4	0.645 533	9.47%
0.709 3	0.795 344	10.82%	0.610 2	0.689 879	11.55%	0.630 7	0.701 97	10.15%
0.612	0.681 567	10.2%	0.638 4	0.720 567	11.4%	0.638 6	0.714 456	10.62%
0.778 7	0.854 56	8.87%	0.792 2	0.717 712	9.4%	0.799 1	0.719 098	10.01%
0.796 4	0.887 112	10.22%	0.740 1	0.827 447	10.55%	0.764 6	0.685 009	10.4%
0.807 1	0.734 432	9%	0.781 1	0.850 097	8.12%	0.756 4	0.675 346	10.71%
0.781	0.704 706	9.76%	0.818	0.726 674	11.16%	0.759 7	0.846 812	10.28%
0.794	0.701 563	11.64%	0.820 1	0.750 755	8.46%	0.804 6	0.725 687	9.8%
0.736	0.652 136	11.39%	0.808 4	0.725 677	10.23%	0.847 4	0.757 696	10.58%
0.785 7	0.693 453	11.74%	0.758 9	0.836 358	9.26%	0.835 6	0.750 097	10.23%
0.765 9	0.696 64	9.04%	0.853 3	0.773 112	9.39%	0.779 2	0.698 771	10.32%
平均相对误差率		10.45%	平均相对误差率		10.1%	平均相对误差率		10.37%

　　结果表明,利用水稻叶片反射光谱植被指数,建立的叶片含水率的多元回归预测模型,在孕穗期,对不同氮肥处理下的水稻叶片含水率预测效果较好,平均相对误差率达 10.31%,总体以 N_2 适量氮肥处理下,水稻叶片水分含量的预测模型效果最好。

　　从图 6.19 可以看出,基于冠层光谱的比值植被指数所建立的多元回归模型对水稻叶片水分含量的预测效果较好,相关系数达 0.903。

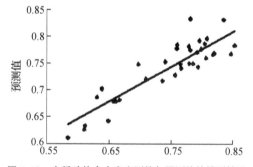

图 6.19　水稻叶片含水率实测值与预测值的模型检验

6.2.3 本节小结

利用高光谱遥感的光谱信息可以探测到农田作物的水分状况信息,指出水分的亏缺或过量,及时采取适当的农艺措施。研究表明,不同氮素、不同水分胁迫下,冠层光谱反射率和叶片光谱反射率都存在显著差异。在近红外波段,光谱反射率随水稻叶片含水量的增加而升高。

不同氮素胁迫下,水稻叶片含水量与冠层光谱反射率的相关性也不同,适量氮素处理下的水稻这一相关性最好。本节选取水稻叶片的敏感波段,在水稻的孕穗期、抽穗期、乳熟期、成熟期进行相关分析,建立基于冠层光谱反射率的水稻叶片水分含量回归预测模型。不同氮素胁迫下,水稻叶片含水量与叶片光谱反射率的相关性也不同,在 712~1 300 nm 波段范围内,以 N_2、N_3 处理下的相关性最好,相关系数均在 0.7 以上。本节选取水稻叶片的敏感波段,在水稻的孕穗期、抽穗期、乳熟期、成熟期进行相关分析,建立基于叶片光谱反射率的水稻叶片水分含量的回归预测模型。由此表明,对水稻冠层光谱和叶片光谱的测定,从中提取有用的光谱信息可以估算水稻的水分含量,为水稻的水分丰缺状况提供理论依据。

6.3 基于高光谱的水稻叶片氮素检测

6.3.1 水稻叶片氮含量与冠层反射光谱的关系

1) 水稻冠层反射光谱特征

在水分胁迫条件下,不同的氮素处理显著影响水稻植株的生长,其冠层光谱反射率也发生了相应的变化。从图 6.20(a)~(c)中可得出,在三种水分水平 W_1、W_2、W_3 的处理下,水稻叶片的氮含量与冠层光谱曲线都遵循这样一条规律:在可见光范围内,冠层光谱反射率随施氮量的增加而降低,在近红外区域,冠层光谱反射率随施氮量的增加而升高。这主要是由于植物在可见光区域的光谱特征受其色素(特别是叶绿素)的控制,在近红外区域,主要受叶片结构的影响,因此氮素营养水平的不同使水稻的光谱特征发生显著变化。植株缺氮将直接导致 N_1 处理下的水稻生育期提前,生长发育不良,植株瘦弱,叶片小,发黄。而施加过量氮时,水稻植株面积系数大,叶绿素含量高,造成不同氮素处理下的光谱反射率在可见光逐渐降低,在近红外逐渐升高的结果。在水稻的不同生育期,这种光谱规律基本保持一致。

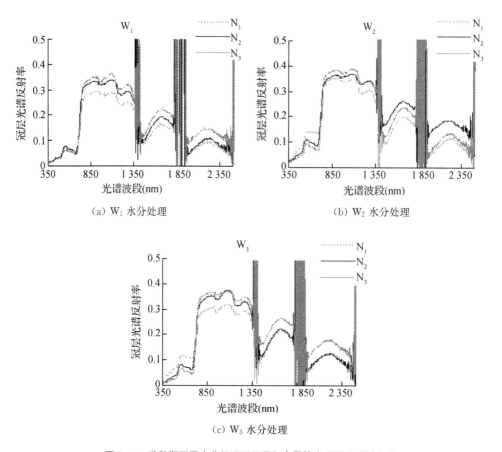

（a）W₁ 水分处理　　　　　　　　　（b）W₂ 水分处理

（c）W₃ 水分处理

图 6.20　乳熟期不同水分处理下不同氮含量的水稻冠层反射光谱

2）不同水分、氮素处理下水稻叶片氮含量的变化特征

图 6.21 是在不同的水分处理下，水稻叶片的氮含量在四个主要生育期（孕穗期、抽穗期、乳熟期、成熟期）随时间变化的曲线图。

水分胁迫下，不同氮素 N₂、N₃ 处理下的水稻从移栽后到抽穗阶段，水稻植株持续生长，促使氮含量不断增加。抽穗后，叶片的养分开始向穗部转移，冠层的氮素含量不断减小，到乳熟期之后，下部叶片逐渐衰老、死亡，绿色叶片内的营养物质继续向穗部转移，叶绿素分解，叶片转黄，叶片已不能进行较强的光合作用，氮素含量持续下降。而 N₁ 氮素处理下的水稻，由于严重缺氮，不仅影响植物叶绿素的生物合成，而且可以加速已形成的叶绿素的分解，造成叶片发黄。

从氮含量随时间变化曲线可以看出，W₂ 适量水分和 W₃ 过量水分处理下的水稻，对于不同氮素 N₁、N₂、N₃ 处理，同一时期测定的氮含量随施氮量的增加依次增大，表明水稻随着施氮水平的提高，长势越好。而对于 W₁ 缺水处理下的水稻，在乳熟期和成熟期,N_3 过量氮处理下的水稻氮含量要小于 N_2 适量氮肥处理下的水稻,这可能由于在缺水情况下,过量施氮导致水稻不仅不能吸收,而且还影响水稻的正常生长。

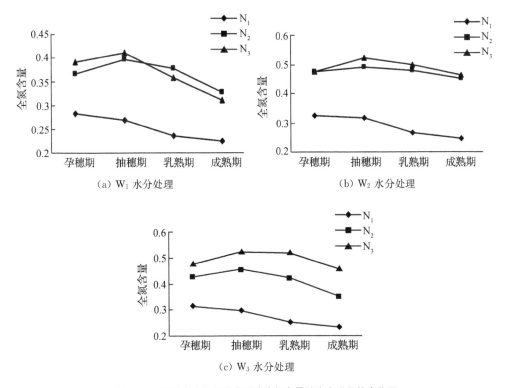

图 6.21　不同水分处理下水稻叶片氮含量随生育进程的变化图

3) 水稻冠层光谱反射率与叶片氮含量的相关分析

在 W_1 缺水、W_2 适量水、W_3 过量水的处理下,在拔节后的整个生育期内(包括孕穗期、抽穗期、乳熟期、成熟期),运用 Excel 数据处理软件,将不同氮素处理下水稻叶片的氮含量与冠层光谱反射率值,进行统计相关分析,得到如图 6.22 所示的三种水分水平处理下水稻叶片氮含量与冠层光谱反射率值在 350~2 500 nm 波段范围的相关系数曲线图。

从图 6.22 中可以看出,不同水分胁迫条件下,水稻叶片氮含量与冠层光谱反射率的相关系数也不同。

W_1(缺水)处理下,叶片氮含量与冠层光谱相关系数在可见光 350~694 nm 范围内为负值,在 460~518 nm、569~690 nm 波段内相关系数在 0.3 以上。在近红外范围内,相关系数为正值,但由于水稻缺水,植株叶片的内部组织已发生变化,叶片的氮含量与冠层光谱反射率的相关性并不好,相关系数在 0.2 以下。

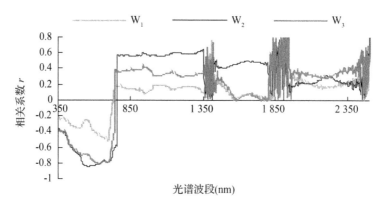

图 6.22　拔节后不同水分处理下水稻叶片氮含量与冠层光谱反射率的相关关系

　　W_2（适量水）处理下，水稻叶片氮含量与光谱反射率的相关性较好，在可见光 350～717 nm 范围内，相关系数为负值。其中在 430～700 nm 范围内有较好的相关性，相关系数在 0.6 以上。在近红外范围内，相关系数为正值，相关性较好，在 720～1 300 nm 范围内，相关系数均达到 0.5 以上。

　　W_3（过量水）处理下，水稻氮含量与光谱反射率的相关性比 W_2 水分处理下的相关性差，但整体水平比 W_1 水分处理下的相关性要好，在可见光 350～709 nm 范围内相关系数为负值，其中在 416～695 nm 波段内有较好的相关性，相关系数达 0.5 以上，在近红外范围内相关系数为正值，在 712～1 300 nm 波段范围内，相关系数达 0.3 以上。

　　根据以上分析，在拔节后的整个生育期内，不同水分 W_2、W_3 处理下，冠层叶片氮含量与可见光和近红外波段反射率都具有较好的相关性，在 430～690 nm 和 720～1 300 nm 波段相关性最好。这是因为在不同水分处理下，叶片氮含量的多少导致叶片的色素（如叶绿素、类胡萝卜素等色素）含量和比例发生变化，叶片内部结构和冠层结构改变。可见光与这些色素密切相关，同时近红外波段孕育了丰富的作物体结构信息，故叶片氮含量与可见光与近红外波段反射率的相关性较好。在 1 350～1 800 nm 波段内相关系数为正值，W_1、W_3 水分处理下，水稻叶片的氮含量与冠层光谱反射率的相关性比较差。在 1 360～1 470 nm、1 830～2 080 nm、2 350～2 500 nm 是水和二氧化碳的强吸收带，相关系数紊乱，相关性不好。

　　4）水稻叶片氮含量一元回归估算模型

　　根据相关系数曲线，在可见光波段 350～700 nm 间，选取 560 nm、680 nm 作为敏感波段，在近红外短波段 700～1300 nm 间，选取 790 nm、810 nm、940 nm、1 010 nm、1 160 nm 作为敏感波段，在水稻不同的生育期，不同水分处理下，对水稻叶片氮含量与冠层光谱反射率进行相关分析。选取相关系数较好的 7 组数据，如

表 6.12 所示。从表 6.12 中可见在不同水分处理下,叶片的氮含量与不同波段的光谱反射率也不同,总体上以 W_2 水分处理下的植被指数相关性最好,W_3 水分处理下的相关性比 W_2 水分处理下的相关性要差,但略好于 W_1 水分处理下叶片氮含量与光谱波段反射率的相关性。分析在不同生育期、不同水分胁迫下,叶片氮含量与各波段反射率的相关性,发现在乳熟期,以 940 nm 波段的光谱反射率比值与叶片氮含量的相关性最好。

表 6.12　不同生育期不同水分处理下水稻叶片氮含量与冠层光谱比值指数的相关系数

类　别		R_{560}	R_{680}	R_{790}	R_{810}	R_{940}	$R_{1\,010}$	$R_{1\,160}$
孕穗期	W_1	0.811 106	0.850 439	0.865 099	0.787 294	0.882 351	0.672 596	0.950 691
	W_2	0.999 687	0.999 816	0.999 602	0.999 675	0.999 777	0.999 634	0.909 739
	W_3	0.868 549	0.855 655	0.869 038	0.863 579	0.864 493	0.864 25	0.866 906
抽穗期	W_1	0.745 458	0.822 358	0.964 581	0.709 279	0.899 312	0.747 266	0.856 778
	W_2	0.989 445	0.933 498	0.988 602	0.985 705	0.985 103	0.997 124	0.958 021
	W_3	0.832 321	0.853 433	0.859 957	0.843 586	0.841 655	0.883 793	0.847 213
乳熟期	W_1	0.872 341	0.887 673	0.887 665	0.832 758	0.981 656	0.897 678	0.965 218
	W_2	0.986 655	0.993 481	0.985 602	0.999 086	0.998 964	0.985 349	0.975 706
	W_3	0.959 881	0.976 573	0.956 402	0.881 668	0.982 809	0.846 809	0.970 252
成熟期	W_1	0.865 655	0.954 863	0.794 543	0.977 386	0.857 659	0.427 075	0.849 541
	W_2	0.946 952	0.943 805	0.892 546	0.889 747	0.895 703	0.988 791	0.997 452
	W_3	0.785 553	0.722 071	0.748 961	0.851 578	0.873 153	0.506 222	0.467 408

应用 Excel 数据处理软件,以乳熟期为例,对不同水分处理下的水稻,将比值植被指数 R_{940} 与水稻叶片的氮素含量作显著性检验,去除奇异点,选取 35 组数据,建立基于冠层光谱反射率的水稻叶片氮含量一元回归模型:

$$Y = 0.024\,967X + 0.657 \qquad (6.9)$$

式中:X 为 940 nm 与 560 nm 波段反射率比值;Y 为实测水稻叶片含水率。

该模型的数据点个数为 35,相关系数 R^2 为 0.792,标准误差为 0.019 7。

为了检验模型的可靠性和普适性,用另外 36 组样本对所建立的方程在水稻乳熟期,对不同水分 W_1、W_2、W_3 处理下的水稻叶片氮含量进行了验证,并采用国际上常用的统计方法(相对误差率)对模拟值和实测值之间的符合度进行检验,计算结果如表 6.13。

表 6.13　乳熟期水稻叶片氮含量预测值与实测值检验数据

W₁ 水分处理			W₂ 水分处理			W₃ 水分处理		
实测值	预测值	相对误差率	实测值	预测值	相对误差率	实测值	预测值	相对误差率
0.205	0.226 459	9.47	0.295	0.263 438	10.69	0.266	0.229 535	13.7
0.228	0.256 564	11.13	0.277	0.319 787	13.37	0.242	0.272 543	11.2
0.257	0.217 344	15.43	0.272	0.302 339	10.03	0.237	0.210 076	11.36
0.257	0.296 341	13.27	0.226	0.253 098	10.7	0.273	0.319 759	14.62
0.386	0.331 331	14.16	0.404	0.451 129	10.45	0.39	0.449 533	13.24
0.355	0.398 212	10.85	0.489	0.426 454	12.79	0.401	0.347 859	13.25
0.381	0.427 142	10.8	0.519	0.453 459	12.62	0.416	0.478 787	13.11
0.395	0.450 909	12.39	0.501	0.431 876	13.79	0.394	0.436 769	9.79
0.376	0.429 311	12.42	0.505	0.561 612	10.08	0.523	0.598 455	12.6
0.326	0.291 394	10.62	0.524	0.479 788	8.43	0.533	0.467 561	12.27
0.363	0.410 915	11.66	0.449	0.395 653	11.88	0.507	0.570 677	11.16
0.371	0.420 898	11.85	0.515	0.461 334	10.42	0.495	0.439 04	11.3
平均相对误差率	12.01%		平均相对误差率	11.27%		平均相对误差率	12.3%	

　　结果表明:利用水稻冠层光谱 940 nm 波段反射率,建立的叶片氮含量的预测模型,在乳熟期,对不同水分处理下的水稻叶片氮含量的预测效果较好,平均相对误差率达 11.86%。从表中得出 W₁ 水分处理下的相对误差率为 12.01%,W₂ 水分处理下的相对误差率为 11.27%, W₃ 水分处理下的相对误差率为 12.3%, 总体以 W₂ 适量水分处理下,预测模型对水稻叶片氮含量的预测效果最好。

　　从图 6.23 可以看出,在乳熟期,冠层光谱比值植被指数对水稻叶片的氮含量具有一定的估算能力,呈线性关系,相关系数为 0.801。

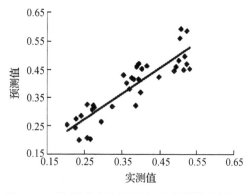

图 6.23　水稻叶片氮含量实测值与预测值的模型检验

　　5) 水稻叶片氮含量多元回归估算模型

　　以在乳熟期为例,选取相关性较好的 R_{560}、R_{680}、R_{790}、R_{810}、R_{940}、$R_{1\,010}$、$R_{1\,160}$ 作为自变量,水稻叶片氮含量的实测值为因变量,建立叶片氮含量的多元回归模型:

$$Y = 11.975\,74X_1 - 15.251\,4X_2 + 3.606\,469X_3 - 23.5X_4 +$$
$$29.558\,8X_5 - 6.705\,88X_6 - 2.544\,4X_7 + 3.391\,942 \qquad (6.10)$$

式中:X_1 为 R_{560};X_2 为 R_{680};X_3 为 R_{790};X_4 为 R_{810};X_5 为 R_{940};X_6 为 $R_{1\,010}$;X_7 为 $R_{1\,160}$;Y 为实测水稻叶片氮含量。

　　该模型的数据点个数为 34,相关系数 R^2 为 0.866,标准误差为 0.039 008。

　　为了检验模型的可靠性和普适性,用另外 36 组样本对所建立的方程在水稻乳熟期,对不同水分 W_1、W_2、W_3 处理下的水稻叶片氮含量进行了验证,并采用国际上常用的统计方法(相对误差)对模拟值和实测值之间的符合度进行检验,计算结果如表 6.14。

表 6.14　乳熟期水稻叶片氮含量预测值与实测值检验数据

W_1 水分处理			W_2 水分处理			W_3 水分处理		
实测值	预测值	相对误差率	实测值	预测值	相对误差率	实测值	预测值	相对误差率
0.205	0.232 999	13.66%	0.295	0.265 737	9.92%	0.266	0.296 252	11.37%
0.228	0.203 533	10.73%	0.277	0.249 105	10.07%	0.242	0.215 496	10.95%
0.257	0.293 752	12.51%	0.272	0.247 611	8.97%	0.237	0.207 899	12.28%
0.257	0.287 998	12.06%	0.226	0.258 656	12.62%	0.273	0.309 825	11.88%
0.386	0.422 736	8.69%	0.404	0.362 64	10.24%	.39	0.350 679	10.08%
0.355	0.376 882	6.16%	0.489	0.445 219	8.95%	0.401	0.435 675	7.96%
0.381	0.346 085	9.16%	0.519	0.482 653	7.00%	0.416	0.448 652	7.85%
0.395	0.359 995	8.86%	0.501	0.539 498	7.14%	0.394	0.431 9	9.62%
0.376	0.402 693	7.10%	0.505	0.465 692	7.78%	0.523	0.588 455	12.52%
0.326	0.296 839	8.94%	0.524	0.471 706	9.98%	0.533	0.491 061	7.87%
0.363	0.402 765	9.87%	0.449	0.489 032	8.92%	0.507	0.447 57	11.72%
0.371	0.408 558	10.12%	0.515	0.565 787	8.97%	0.495	0.540 079	8.35%
平均相对误差率		9.82%	平均相对误差率		9.17%	平均相对误差率		10.2%

　　结果表明,利用水稻冠层反射光谱植被指数,建立的叶片氮含量多元回归预测模型,在乳熟期,对不同水分处理下的水稻叶片氮含量预测效果较好,平均相对误差率达 10.03%,总体以 W_2 适量水分处理下,预测模型对水稻叶片氮含量的效果最好。

　　从图 6.24 可以看出,基于冠层光谱的比值植被指数所建立的多元回归模型对水稻叶片氮含量的预测效果较好,相关系数达 0.933。

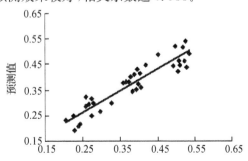

图 6.24　水稻叶片氮含量实测值与预测值的模型检验

比较一元回归和多元回归,由于多元线性回归研究的是一个因变量与多个自变量的回归分析。在预测水稻叶片的氮素含量方面,多元回归模型的相关系数均大于一元回归模型,相对误差率要小于一元回归模型。

6)基于叶片光谱的水稻叶片氮含量神经网络模型

本节采用 BP 神经网络及 3.3 节中的两种改进的神经网络分别构建水稻叶片氮含量预测模型。三种神经网络均采用三层结构,同样的输入层节点数、隐含层节点数、输出层节点数。由于特征向量为 7 个叶片光谱反射率值,所以输入层节点数为 7;输出只有含氮量一个参量,故输出层节点数为 1;隐含层选为 20。隐含层神经元采用的传递函数是 Sigmoid 型可微函数,而输出层神经元采用 purelin 型传递函数。

以在乳熟期为例,共选取各氮素水平下的叶片共 108 片,其中 72 片叶子作为训练样本,其余 36 片叶子作为测试样本。

L-M 神经网络训练误差曲线如图 6.25 所示,BP 神经网络训练误差曲线如图 6.26 所示,贝叶斯神经网络训练误差曲线如图 6.27 所示。

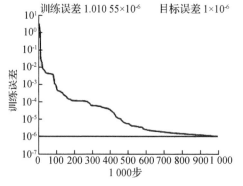
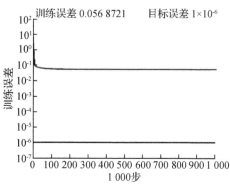

图 6.25　L-M 神经网络训练误差曲线　　　　图 6.26　BP 神经网络训练误差曲线

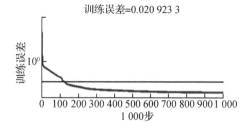

图 6.27　贝叶斯神经网络训练误差曲线

利用 36 个测试样本分别测试三个神经网络,试验得到的各模型的平均误差率及最大误差率如表 6.15 所示。

表 6.15 预测模型误差率比较

神经网络模型	最大误差率	平均误差率
LM 神经网络	5.6%	3.9%
贝叶斯神经网络	8.9%	6.9%
BP 神经网络	11.3%	8.3%

试验结果表明,无论就最大误差率还是平均误差率而言,LM 算法神经网络进行水稻含水率预测的效果较好。

通过计算叶片光谱反射率和叶片的氮含量之间相关性系数,发现叶片的光谱特征与叶片氮素营养状况密切相关,通过建立神经网络模型预测叶片氮素。通过三种神经网络的比较,发现 LM 算法神经网络进行水稻含水率预测的效果较好。

7）水稻叶片氮含量 GA-LS-SVM 回归估算模型

由于水稻叶片含氮量与冠层反射率之间存在关联,采用水稻无土栽培方法人为控制含氮量,在水稻某特定生长期,同时测量水稻冠层反射率和叶片含氮量,建立了基于冠层反射率的水稻叶片氮含量的回归预测模型。通过分析不同氮环境下各冠层反射率光谱图,确定了与水稻含氮率相关性高的特征波段。针对 LS-SVM 参数难定问题,采用遗传算法对 LS-SVM 参数进行优化。实验结果表明,传统人为选定参数的 LS-SVM 回归算法模型的平均回判精确率达到 97.21%,预测平均误差率达到 5.70%,GA-LS-SVM 回归算法模型的平均回判精确率达到 99.60%,预测平均误差率达到 2.72%。GA-LS-SVM 回归算法模型的回判及预测效果均明显优于人为选定参数的 LS-SVM 回归算法,可满足水稻叶片含氮率预测的需要。

采用光谱分析仪,光谱测量范围为 350～2 500 nm,得到水稻冠层光谱反射率。如图 6.28 所示为试验中水稻拔节期时的四种氮浓度水平培养液培育的样本冠层光谱反射率图（每个培养液氮浓度水平下各选取 10 个缸,将测得的 10 个缸的冠层光谱反射率分别在每一波段上取平均值得到每个培养液浓度水平下的冠层光谱反射率。表 6.16 为不同氮浓度培养液分

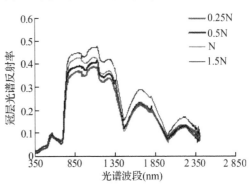

图 6.28 拔节期水稻冠层光谱反射率图

别对应的各自的 10 个缸中培育的水稻叶片的含氮情况表,其中将该缸中的随机选取的水稻冠层上部、中部、下部三片叶片的含氮率取平均作为该缸的含氮率）。由表 6.16 可以看出,水稻叶片的含氮量与培养液氮浓度有着很大的关联,也达到了培育不同含氮水平的水稻样本的目的。

表 6.16　水稻叶片含氮率与营养液氮浓度测试关系表

营养液 施水量	各水稻样本含氮率情况									
	1	2	3	4	5	6	7	8	9	10
0.25N	0.192	0.195	0.197	0.194	0.196	0.199	0.198	0.197	0.192	0.195
0.5N	0.205	0.199	0.215	0.221	0.209	0.211	0.212	0.222	0.214	0.231
N	0.259	0.265	0.274	0.268	0.271	0.281	0.276	0.281	0.275	0.269
1.5N	0.325	0.316	0.309	0.312	0.316	0.318	0.325	0.316	0.311	0.308

由图 6.29 和统计数据可以看出,可见光与近红外波段区域中的 600~1 200 nm 波段中,光谱冠层反射率数据及其对应的水稻叶片含氮数据的相关性极高,随着培养液氮素施量的增加,光谱反射率也随之明显增加,可作为光谱敏感波段。为了使提取的敏感波段具有代表性,对敏感波段区间分别应用逐步回归法,结合相关性分析并参照分子光谱敏感波段表对各区间的敏感波段进行取舍。在 600~1 200 nm 区间,相隔 5 nm 选取一个波段,将这些波段作为因变量与叶片含氮率作逐步回归,对入选的波段再进行相关分析,并结合分子光谱敏感波段表,判断其最终是否入选,另外去除一些相近的特征波段。最终选取 610 nm、660 nm、710 nm、760 nm、810 nm、860 nm、910 nm、960 nm、1 010 nm、1 060 nm、1 110 nm、1 160 nm 等 12 个波段光谱反射率作为特征波段向量。

本实验采用拔节期的水稻冠层反射率以及与其对应的水稻叶片含氮率作为实验样本,由于选择 12 个波段的冠层反射率作为特征,故 LS-SVM 算法模型与 GA-LS-SVM 算法模型的输入节点数均为 12,输出为水稻叶片含氮率,故输出节点为 1。

实验中取拔节期 120 缸水稻作为样本,每缸水稻取冠层上部、中部、下部叶片各 1 片,将 3 片叶片的含氮率取平均作为该缸水稻叶片的含氮率。120 缸水稻生成共 120 个样本,其中 80 个样本作为训练样本,20 个样本作为验证样本,其余 20 个样本作为测试样本。

GA-LS-SVM 算法训练中,遗传训练后,核函数参数 σ 为 12.3,正则化参数 γ 为 245.6。LS-SVM 算法中,采用人工多次搜索人为选取核函数参数和正则化参数,根据误差结果,从优选择最优的参数,核函数参数 σ 为 6.5,正则化参数 γ 为 100.8。

为了比较 GA-LS-SVM 算法模型与 LS-SVM 算法模型的回归性能,下面分别进行回判实验和预测实验。从 80 个训练样本中选取相同的 40 个样本在两个模型中做回判试验,两个模型的实验回判值与真实值的对比图分别如图 6.29、图 6.30 所示。优化 LS-SVM 算法模型的平均回判精确度为 99.6%,LS-SVM 模型的平均回判精确度为 97.2%。回判精确度的计算如公式(6.11)所示。

$$回判精确度 = \begin{cases} \dfrac{预测值}{实际值}, & 当预测值小于实际值时；\\[2mm] \dfrac{实际值}{预测值}, & 当预测值大于实际值时 \end{cases} \tag{6.11}$$

在两个模型中,对相同的 20 个测试样本分别进行预测实验,结果如表 6.17 所示。

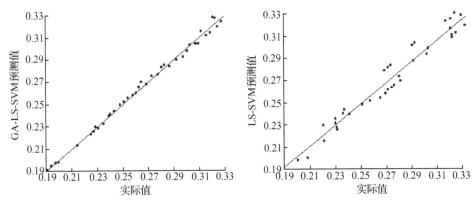

图 6.29　GA-LS-SVM 模型回判值与真实值对比图　　图 6.30　LS-SVM 模型回判值与真实值对比图

表 6.17　测试实验结果

样本	特征向量	实际值	优化 LS-SVM		LS-SVM	
			预测值	误差率	预测值	误差率
101	0.076,0.069,0.139,0.323,0.356,0.366, 0.354,0.343,0.372,0.387,0.369,0.328	0.196	0.192	2.04%	0.185	5.61%
102	0.096,0.093,0.143,0.272,0.289,0293, 0.29,0.282,0.283,0.292,0.292,0.255	0.198	0.192	3.03%	0.212	7.07%
103	0.15,0.141,0.239,0.417,0.446,0.454, 0.465,0.452,0.469,0.483,0.447,0.423	0.205	0.216	5.36%	0.191	6.83%
104	0.083,0.074,0.125,0.357,0.391,0.399, 0.406,0.39,0.39,0.411,0.395,0.347	0.208	0.204	1.92%	0.218	4.81%
105	0.189,0.18,0.295,0.395,0.416,0.426, 0.428,0.418,0.438,0.453,0.441,0.406	0.21	0.213	1.43%	0.2	4.76%
106	0.073,0.058,0.163,0.352,0.381,0.389, 0.392,0.377,0.391,0.405,0.407,0.353	0.225	0.217	3.56%	0.238	5.78%
107	0.078,0.062,0.167,0.38,0.415,0.425, 0.426,0.405,0.411,0.428,0.427,0.364	0.271	0.261	3.69%	0.252	7.01%
108	0.079,0.065,0.167,0.41,0.441,0.448, 0.448,0.431,0.458,0.472,0.473,0.42	0.322	0.314	2.48%	0.307	4.66%
109	0.088,0.085,0.14,0.295,0.32,0.326, 0.327,0.312,0.313,0.325,0.322,0.275	0.228	0.223	2.19%	0.216	5.26%
110	0.073,0.065,0.13,0.312,0.344,0.353, 0.362,0.349,0.354,0.373,0.373,0.306	0.31	0.299	3.55%	0.29	6.45%

样本	特征向量	实际值	优化 LS-SVM		LS-SVM	
			预测值	误差率	预测值	误差率
111	0.062,0.053,0.123,0.362,0.394,0.405, 0.41,0.391,0.406,0.429,0.423,0.354	0.324	0.314	3.09%	0.309	4.63%
112	0.133,0.122,0.223,0.435,0.465,0.474, 0.484,0.47,0.49,0.504,0.507,0.444	0.232	0.223	3.88%	0.248	6.89%
113	0.123,0.11,0.218,0.469,0.504,0.515, 0.527,0.51,0.525,0.539,0.54,0.479	0.315	0.307	2.54%	0.291	7.62%
114	0.113,0.099,0.215,0.507,0.548,0.561, 0.576,0.561,0.545,0.559,0.56,0.499	0.326	0.32	1.84%	0.312	4.29%
115	0.079,0.068,0.153,0.364,0.405,0.418, 0.427,0.408,0.419,0.445,0.442,0.363	0.238	0.234	1.68%	0.224	5.88%
116	0.059,0.049,0.132,0.381,0.422,0.434, 0.443,0.428,0.446,0.469,0.468,0.398	0.318	0.31	2.52%	0.302	5.03%
117	0.052,0.04,0.127,0.397,0.438,0.451, 0.456,0.431,0.457,0.483,0.478,0.394	0.328	0.34	3.66%	0.309	5.79%
118	0.133,0.113,0.25,0.405,0.433,0.446, 0.449,0.433,0.456,0.476,0.474,0.41	0.257	0.253	1.56%	0.242	5.84%
119	0.125,0.112,0.235,0.431,0.452,0.462, 0.465,0.454,0.458,0.471,0.471,0.426	0.318	0.325	2.20%	0.305	4.09%
120	0.109,0.091,0.23,0.474,0.515,0.534, 0.542,0.522,0.537,0.566,0.567,0.484	0.33	0.337	2.12%	0.311	5.78%

　　从表可以看出,LS-SVM 回归算法模型根据水稻样本特征向量进行预测含氮率,预测的平均误差率为 5.70%。GA-LS-SVM 算法模型对同样的输入样本特征向量进行预测试验,预测的平均误差率为 2.72%,预测误差率明显低于 LS-SVM 算法模型。

　　本章节基于 LS-SVM 算法模型参数 σ 和 γ 难以确定的缺点,利用遗传算法全局寻优的功能,对 LS-SVM 算法参数进行寻优,构建基于 GA-LS-SVM 算法的水稻氮素含量预测模型。

　　利用相同的样本进行训练与测试实验,常规的 LS-SVM 算法模型的回判精确度为 97.21%,测试实验的预测平均误差率为 5.70%,GA-LS-SVM 算法模型的回判精确度为 99.60%,预测实验的平均误差率为 2.72%,与常规的 LS-SVM 算法模型相比,GA-LS-SVM 算法模型提高了回判精确度,降低了预测误差率。由此表明,本章节的预测方法在水稻含氮预测中具有良好的应用性能,其也可作为一种新的预测建模方法推广应用于其他预测领域。

6.3.2　水稻叶片氮含量与叶片反射光谱的关系

1）水稻叶片反射光谱特征

水分胁迫下，施氮量的变化会引起作物叶片生理及形态结构的相应改变，从而引起作物光反射特性的变化。图 6.31 表示乳熟期在三种不同水分 W_1（缺水）、W_2（适量水）、W_3（过量水）的胁迫下，叶片氮含量与叶片光谱反射率的关系。

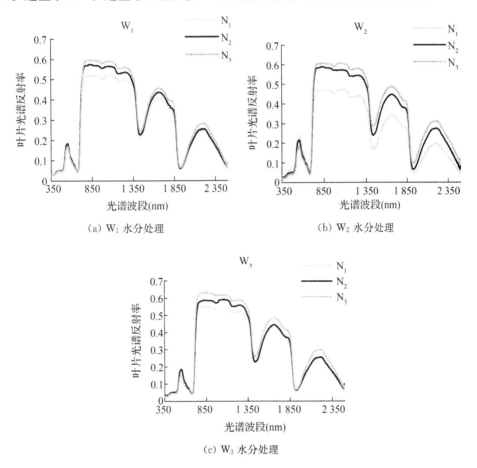

图 6.31　乳熟期不同水分处理下不同氮含量的水稻叶片反射光谱

结果表明，不同水分处理下，水稻叶片的光谱反射率都因施氮量的不同而表现出差异，在可见光波段，光谱反射率随水稻施氮的增加而逐渐降低，近红外波段，光谱反射率随水稻施氮的增加而逐渐升高。在 W_2 适量水分的处理下，这种光谱特征表现得较为明显，且不受生育期的影响。W_1 和 W_3 水分处理下的水稻，由于受到水分胁迫，叶色和叶片内部结构已发生变化，在不同氮素的作用下，对叶片反射光谱的影响不如适量水分 W_2 处理下的叶片光谱反射率的差异明显。近红外波段有 3 个明显的吸收带,在 1 450 nm、1 950 nm 和 2 500 nm 附近,这主要由叶片内水分状况所决定。

2)水稻叶片氮含量与叶片光谱反射率的相关分析

在 W_1 缺水、W_2 适量水、W_3 过量水的处理下,运用 Excel 数据处理软件,将不同氮素处理下水稻叶片的氮含量与叶片光谱反射率值,进行统计相关分析,得到如图 6.32 所示的 W_1 缺水、W_2 适量水、W_3 过量水处理下水稻叶片氮含量与叶片光谱反射率值在 350～2 500 nm 波段范围的相关系数曲线图。

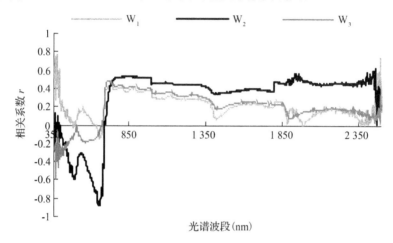

图 6.32　拔节后不同水分处理下水稻叶片氮含量与叶片光谱反射率的相关关系

从图 6.32 中可以看出,不同水分处理下,水稻叶片氮含量与叶片光谱反射率的相关系数也不同。

在可见光波段范围内,W_2 适量水分和 W_3 过量水分处理下,水稻叶片氮含量与叶片光谱反射率的相关系数为负值,W_1 严重缺水处理下,在 350～610 nm 波段内为正值,在 610～680 nm 波段内为负值。相关性以 W_2 适量水分处理下的相关系数最好,在 450～560 nm、610～686 nm 波段内相关系数达 0.5 以上。W_1 缺水处理下,叶片缺水严重影响叶绿素的生物合成,加速叶绿素的分解,造成叶片发黄,不同氮素处理,对它的影响并不明显。而过量水处理下,由于水稻全生育期都采用水层管理,根部得不到充分的呼吸和氧气,影响水稻正常的生长发育,所以叶片氮含量与叶片光谱反射率的相关性比 W_2 水分处理下的相关性要差,但比 W_1 水分处理下的相关性要好。

在近红外短波段 700～1 300 nm,不同水分 W_1、W_2、W_3 处理下,水稻叶片氮含量与叶片光谱反射率的相关系数为正值,在 700～1 300 nm 间,不同水分处理下相关系数均达到 0.3 以上,在 760～980 nm 之间,W_2 水分处理下的相关系数在 0.5

以上,W₃ 水分处理下的相关系数在 0.4 以上。

在近红外长波段 1 300～2 500 nm 范围内,叶片光谱反射率与叶片氮含量的相关性不如近红外波段显著,只有 W₂ 水分处理下的水稻,在 1 435～1 800 nm 之间相关系数在 0.35 以上,在 1 900～2 200 nm 之间相关系数在 0.4 以上,W₁、W₃ 水分处理下的相关性较差,相关系数只有 0.25 左右。

3)基于叶片光谱的水稻叶片氮含量多元回归估算模型

根据相关系数曲线,在可见光波段 350～700 nm 间,选取 480 nm、640 nm 作为敏感波段,在近红外短波段 700～1 300 nm 间,选取 780 nm、860 nm、960 nm 作为敏感波段,在近红外长波段 1 300～2 500 nm 间,选取 1 360 nm、1 940 nm 作为敏感波段,在水稻不同的生育期,不同水分处理下,对水稻叶片氮含量与叶片光谱反射率的比值植被指数进行相关分析,选取相关性较好的 7 组数据见表 6.18。

表 6.18　不同生育期不同水分处理下水稻叶片氮含量与叶片光谱比值指数的相关系数

类　别		R_{480}	R_{640}	R_{780}	R_{860}	R_{960}	$R_{1\,360}$	$R_{1\,940}$
孕穗期	W₁	0.616 625	0.766 299	0.195 77	0.856 449	0.809 564	0.834 593	0.667 658
	W₂	0.854 511	0.866 446	0.579 161	0.874 579	0.900 877	0.894 541	0.895 624
	W₃	0.745 833	0.759 455	0.597 919	0.856 553	0.799 878	0.845 079	0.845 651
抽穗期	W₁	0.645 344	0.684 521	0.641 339	0.756 502	0.867 759	0.659 599	0.775 202
	W₂	0.945 615	0.947 554	0.981 8	0.982 458	0.977 473	0.991 594	0.973 774
	W₃	0.892 128	0.856 675	0.934 664	0.964 571	0.856 743	0.956 509	0.862 751
乳熟期	W₁	0.865 176	0.786 345	0.990 735	0.756 557	0.875 746	0.645 635	0.744 596
	W₂	0.917 823	0.914 222	0.987 213	0.999 979	0.967 854	0.997 907	0.898 478
	W₃	0.945 569	0.867 698	0.976 342	0.955 617	0.853 134	0.878 757	0.885 338
成熟期	W₁	0.856 724	0.678 565	0.353 724	0.845 653	0.801 465	0.754 317	0.696 847
	W₂	0.962 944	0.960 946	0.994 891	0.996 299	0.967 835	0.956 756	0.989 494
	W₃	0.906 764	0.854 649	0.884 246	0.865 634	0.894 676	0.957 537	0.897 746

从表中可见:在不同水分处理下,叶片的氮含量与不同波段的光谱反射率的相关性也不同,总体上以 W₂ 水分处理下的植被指数相关性最好,W₃ 水分处理下的相关性略好于 W₁ 水分处理下的叶片氮含量与光谱反射率的相关性。分析在不同生育期、不同水分胁迫下,叶片氮含量与各光谱反射率的相关性,结果表明在乳熟期,以 780 nm 波段的光谱反射率与叶片氮含量的相关性最好。

应用 Excel 数据处理软件,以在乳熟期为例,选取 R_{480}、R_{640}、R_{780}、R_{860}、R_{960}、$R_{1\,360}$、$R_{1\,940}$ 作为自变量,水稻叶片氮含量的实测值为因变量,建立叶片氮含量的多元回归模型:

$$Y = 2.167\ 937X_1 - 2.169\ 08X_2 + 0.140\ 293X_3 - 3.605\ 02X_4 +$$
$$3.593\ 676X_5 - 0.152\ 54X_6 - 1.074\ 94X_7 + 0.910\ 91 \tag{6.12}$$

式中：X_1 为 R_{480}；X_2 为 R_{640}；X_3 为 R_{780}；X_4 为 R_{860}；X_5 为 R_{960}；X_6 为 $R_{1\ 360}$；X_7 为 $R_{1\ 940}$；Y 为实测水稻叶片含水率。

该模型的数据点个数为 36，相关系数 R^2 为 0.783，标准误差为 0.054 284。

为了检验模型的可靠性和普适性，利用水稻乳熟期的另外 36 组样本对所建立的方程，对不同水分 W_1、W_2、W_3 处理下的水稻叶片氮含量进行了验证，并采用国际上常用的统计方法（相对误差率）对模拟值和实测值之间的符合度进行检验，计算结果见表 6.19。

表 6.19　乳熟期水稻叶片含氮预测值与实测值检验数据

W_1 水分处理			W_2 水分处理			W_3 水分处理		
实测值	预测值	相对误差率	实测值	预测值	相对误差率	实测值	预测值	相对误差率
0.205	0.223 84	8.42%	0.295	0.338 438	12.83%	0.266	0.300 095	11.36%
0.228	0.251 613	10.36%	0.277	0.318 023	14.81%	0.242	0.261 345	7.99%
0.257	0.298 977	14.04%	0.272	0.298 796	8.97%	0.237	0.278 655	14.95%
0.257	0.291 224	13.32%	0.226	0.245 767	8.75%	0.273	0.303 886	10.16%
0.386	0.342 564	11.25%	0.404	0.440 724	8.33%	0.39	0.447 086	12.77%
0.355	0.397 577	11.99%	0.489	0.439 556	10.11%	0.401	0.452 345	11.35%
0.381	0.430 095	11.41%	0.519	0.472 935	8.88%	0.416	0.374 095	10.07%
0.395	0.357 583	9.47%	0.501	0.450 74	10.03%	0.394	0.432 531	8.9%
0.376	0.428 104	13.86%	0.505	0.429 284	14.99%	0.523	0.451 256	13.72%
0.326	0.364 747	10.62%	0.524	0.465 647	11.14%	0.533	0.488 078	8.43%
0.363	0.399 947	9.24%	0.449	0.392 384	12.61%	0.507	0.441 502	12.92%
0.371	0.425 829	12.88%	0.515	0.469 902	8.76%	0.495	0.430 894	12.95%
平均相对误差率		11.41%	平均相对误差率		10.85%	平均相对误差率		11.3%

结果表明，利用水稻叶片反射光谱植被指数，建立的叶片氮含量多元回归预测模型，在乳熟期，对不同水分处理下的水稻叶片氮含量预测效果较好，平均相对误差率达 13.24%，总体以 W_2 适量水分处理下，预测模型对水稻叶片氮含量的预测效果最好。

从图 6.33 可以看出，在乳熟期，基于叶片光谱的比值植被指数所建立的多元回归模型对水稻叶片氮含量的预测效果较好，相关系数达 0.885。

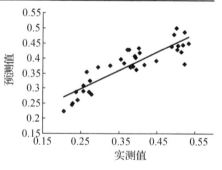

图 6.33　水稻叶片氮含量预测值与实测值的模型检验

6.3.3 本节小结

利用高光谱遥感的光谱信息可以探测到农田作物的氮肥状况信息,指出氮素的亏缺或过量,及时采取适当的农艺措施。研究表明,不同氮素、不同水分胁迫下,冠层光谱反射率和叶片光谱反射率都存在显著差异。在可见光波段,光谱反射率随水稻叶片含氮量的增加而降低;在近红外波段,光谱反射率随水稻叶片含氮量的增加而升高。

不同水分胁迫下,水稻叶片含氮量与冠层光谱反射率的相关性也不同,W_2 适量水分处理下的水稻这一相关性最好。本章节选取水稻叶片氮含量的敏感波段,在水稻的孕穗期、抽穗期、乳熟期、成熟期进行光谱反射率的分析,建立基于冠层光谱反射率、叶片光谱反射率预测水稻叶片氮含量的回归模型。

由此表明,对水稻冠层光谱和叶片光谱的测定,从中提取有用的反射率可以估算水稻的氮素含量,为水稻长势监测提供理论依据。

参 考 文 献

杨晓华.2008.基于支持向量机的水稻叶面积指数高光谱估算模型研究光谱学与光谱分析[J].(8):1837-1841.

张录达.2005.SVM 回归法在近红外光谱定量分析中的应用研究光谱学与光谱分析[J].(9):1400-1403.

浦瑞良,宫鹏.2000.高光谱遥感及其应用[M].北京:高等教育出版社.

苏金明,傅荣华,周建斌.2000.统计软件 SPSS for Windows 实用指南[M].北京:电子工业出版社.

冯力.2004.回归分析方法原理及 SPSS 实际操作[M].北京:中国金融出版社.

潘南飞.2004.运用逐步回归分析探讨建筑物倒塌发生之因素[J].2004 营建技术管理研讨会(台湾):98-103.

孙俊,毛罕平,羊一清,等.2009.基于冠层光谱特性的水稻叶片含水率模型[J].农业工程学报,(9):133-136.

孙俊,毛罕平,羊一清.2010.基于 GA-LS-SVM 的水稻叶片含氮率预测研究[J].江苏大学学报(自然科学版),31(1):6-10.

孙俊,吴静菲,羊一清,等.2009.水稻无土栽培及叶片水氮含量测量研究[J].安徽农业科学,37(35):17414-17415,17418.

7 生菜信息检测

7.1 样本培育

生菜样本栽培采用无土栽培方式,通过日本山崎营养液配制、农药残留浓度配制、施水量的控制,获取不同氮素水平、农药残留浓度水平及不同水分含量的生菜样本。

7.1.1 氮素营养液的配制

营养液的合理配制直接影响着能否成功培育出试验所需的样本,是后续研究得以继续进行的一个重要前提,因此本试验采用日本山崎营养液标准配方来进行营养液的配制。在配制过程中,为了避免不同水质对营养液中的微量元素造成影响,试验统一采用纯净的蒸馏水进行配制。表 7.1 为本试验所采用的日本山崎营养液标准配方,表中①和②是营养液中大量元素组成的配方,包括标准用量和浓缩 100 倍后所需的用量,③是微量元素组成的配方,对应有标准用量和浓缩 100 倍后的用量。在大量元素配方①和②中有 N^+ 存在,操作时只需通过对大量元素中的 N^+

表 7.1　山崎营养液配方(mg/L)(山崎肯哉,1978)

标　号	化合物	标准用量(mg/L)	浓缩 100 倍(g/L)
①	$Ca(NO_3)_2 \cdot 4H_2O$	236	23.6
	KNO_3	404	40.4
②	$NH_4H_2PO_4$	57	5.7
	$MgSO_4 \cdot 7H_2O$	123	12.3
	Fe-EDTA	16	1.6
	$MnCl_2 \cdot 4H_2O$	1.2	0.12
③	H_3BO_3	0.72	0.072
	$ZnSO_4 \cdot 4H_2O$	0.09	0.009
	$CuSO_4 \cdot 5H_2O$	0.04	0.004
	$(NO_4)_2 \cdot Mo_7O_4$	0.01	0.001

浓度进行调节,就可以方便地对氮素进行有效控制。在真正配制和使用过程中,为了操作方便,一般都要将营养液事先配制成母液,然后在施用时,再按照一定的比例稀释成工作液。因此本次试验在配制营养液时首先把各元素按照标准用量浓缩100倍配制出母液。具体配制方法如下:按照表7.1配方中浓缩100倍后各元素所需的用量,利用精确度为0.01 g和0.000 1 g的电子秤进行称重,然后按①②③分开装入贴有标签的塑料壶里,再用蒸馏水将其稀释到1 L,这是因为①中有Ga^{2+},②中有PO_4^{3-},而③又是微量元素,分开保存可以防止营养液中各化合物成分之间发生反应产生沉淀。

在实际操作过程中,因调节氮元素的水平而改变的Ca^{2+}、K^+、P^+、N^+、Na^+可以分别通过$CaCl_2$、K_2CO_3、$NaH_2PO_4 \cdot 2H_2O$、NH_4HCO_3进行补充。同样采用日本山崎营养液配方来配制这些化合物的母液,然后将配制好的各化合物母液分开装入贴有标签的塑料壶里,各离子所对应的化合物标准用量和浓缩100倍所需用量如表7.2所示。

表7.2 补充缺少离子所需化合物配方

标 号	化合物	标准用量(mg/L)	浓缩100倍(g/L)
④	$CaCl_2$(补Ca)	110	11
⑤	K_2CO_3(补K)	276	27.6
⑥	$NaH_2PO_4 \cdot 2H_2O$(补P)	78	7.8
⑦	NH_4HCO_3(补N)	513.5	51.35

7.1.2 样本的育苗移栽及施肥管理

试验当日上午首先将pH为5.5~6.5颗粒大小均匀的草炭基质倒入事先准备好的穴盘中,然后用水将穴盘中的草炭基质浇透,等到下午的时候,再将意大利全年耐抽苔生菜种子放入装有基质的穴盘中。播种时应该合理控制播种的深度,如果种子在穴盘中的深度过深的话,幼苗会因埋盖太多基质而出土困难,深度过浅则会容易产生倒苗现象,播种之后每三天对草炭补充一次水分。大约两周后,生菜幼苗初步长成,每株上大约有3片叶子,此时选择对生菜幼苗进行移栽。移栽时,人为选取长势和大小均一的生菜幼苗并小心地移栽到塑料盆中,每盆一株,采用珍珠岩栽培。

在生菜幼苗移栽完成后,马上开始对生菜幼苗进行施肥管理。为了保证所有的生菜幼苗每天都能获取均衡的营养元素,在每天的上午和下午对生菜利用不同氮素水平的营养液进行浇灌。在施肥管理的过程中有些生菜会出现一些枯叶,发现时人为地将生菜上的一些枯叶摘掉,确保生菜苗壮健康地成长。

7.1.3　叶片样本采集

　　一般来说,生菜的生长周期可以被分为4个时期,分别为发芽期、幼苗期、莲座期和结球期,本试验选取了莲座期的生菜叶片作为试验样本,主要是因为这个阶段的生菜长势良好、叶肉饱满、叶片大小适中,且经过一段时间的施肥管理后,叶片上的氮素水平具有较大的差异。对生菜叶片的采集具体如下:从不同氮素水平浇灌下的各株生菜中分别摘取一些叶片,摘取时确保各氮素水平下的生菜叶片均要采集到,并遵循叶位相同、叶面平整、叶片完整的要求进行采摘(见图7.1)。

图 7.1　温室大棚内的生菜样本

7.2　生菜光谱数据测定

7.2.1　光谱仪器的选定

　　光谱测定采用高光谱成像系统,如图7.2所示,其中图7.2(a)为该系统的实物拍摄图,图7.2(b)为对应的结构示意图,这套系统主要有以下几个部分组成:① 一台高光谱图像摄像仪(ImSpector V10E,Spectral Imaging Ltd.,Oulu,Finland);② 一套配有两个150 W光纤卤素灯的光源系统(2900型,Illumination Technologies,USA);③ 一套可以对高光谱成像系统进行实时控制的控制箱(SC100,北京光学仪器厂,中国);④ 一个电控位移台(MTS120,北京光学仪器厂,中国);⑤ 一台用于实时显示样本高光谱图像的计算机。其中高光谱图像摄像仪是由CCD相机和可见-近红外光谱仪而组成,能采集到光谱范围为 390~1 050 nm、分辨率为2.8 nm的光谱数据,能采集到的图像分辨率是672像素×512像素。

（a）高光谱成像系统实物图

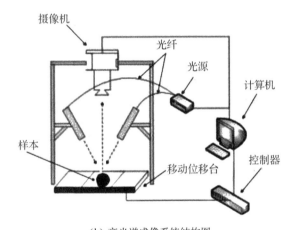

（b）高光谱成像系统结构图

图 7.2 高光谱成像系统

7.2.2 叶片光谱图像采集

为了确保图像的清晰度与图像尺寸和空间分辨率的不失真,相机曝光时间设定为 20 ms,位移台移动速度设定为 1.25 mm/s。高光谱图像数据采集步骤如下：首先将一张大小合适的白纸固定于移动位移台上,接着将生菜叶片样本平铺在白纸上,然后启动计算机中的 SpectralCube 软件,并通过控制 SpectralCube 软件中的开始、停止、保存、复位等按钮来依次采集每个生菜叶片的高光谱图像数据($x \times y \times \lambda$),其中 x 和 y 是图像在横、纵方向的像素值,λ 为波段数。所获取的高光谱图像分辨率为($672 \times y \times 512$),y 为不确定的像素值,由每片叶子样本的大小决定。

由于受光源强度分布不均匀、摄像机中存在暗电流等因素影响,需要对高光谱图像仪器进行黑白标定(孙俊等,2014)。标定步骤如下:首先将标定用的白板(反射率接近 100%)放置于摄像头正下方,然后进行扫描,得到全白标定图像 W;接着盖上镜头(反射率为0%),重新再进行扫描,得到全黑标定图像 B;最后将生菜叶片平铺于移动位移台上,按高光谱图像数据采集步骤进行操作,得到原始高光谱图像 R_0,并按式(7.1)对 R_0 进行校正,得到校正后图像 R:

$$R = \frac{R_0 - B}{W - B} \qquad (7.1)$$

7.3　生菜叶片氮素含量、水分含量的测定

7.3.1　叶片氮素含量测定

　　为了尽量避免生菜叶片受外界环境的干扰与影响,叶片氮含量检测试验在高光谱图像采集试验完后立即进行,采用凯氏定氮法对叶片中的氮素进行检测。具体操作步骤如下:首先将所有高光谱图像采集完的生菜叶片依次放入标记好的干燥信封中,然后放入温度为80 ℃左右的烘箱烘烤至恒重,接着用粉碎机磨碎烘干的样本,称取磨细烘干样品 0.1 g(精确至 0.000 1 g)装入标有记号的小纸袋中。将烘干后的样本(0.1 g)拿出并倒入消化管底部,用定量加液器准确加入浓硫酸 5 ml,摇晃均匀,消化管管口放一个小漏斗,然后把消化管放入试管座中(5 排孔,每排 5 个孔,共 25 个孔),最后将试管座放入消化炉里进行消化,消化时先低温,待硫酸分解起烟后再慢慢升温,当消化管中的液体变成黑棕色时,将消化管从消化炉上取下,稍微冷却,沿漏斗壁逐滴加入 H_2O_2,一边滴加一边轻轻摇晃消化管,使其充分反应。之后继续高温加热 20 min 左右,取下消化管稍冷后再滴入 H_2O_2 4～5 滴,反复消化,直至消化管内液体变为无色为止,继续消化 20 min,以耗尽过剩的 H_2O_2(若 H_2O_2 消耗不尽将影响氮、磷、钾含量的测定)。取出消化管放入另一备用试管架内,稍冷,用少量蒸馏水冲洗漏斗,冲洗液洗入消化管内。将消化管内样本液用蒸馏水定容到 100 ml 容量瓶内,最后将容量瓶内的样品用滤纸过滤后装入分装瓶内保存,供氮素含量测定使用。

　　采用 Auto Analyzer 3 流动分析仪来测定生菜叶片的氮素含量值,该仪器主要包括自动进样模块、泵、化学分析模块、比色器模块和含 AACE 操作软件的计算机。在实际检测时,连续流动分析仪通过蠕动泵将进样器定量吸取的消化液和分析过程中所需的试剂输送一个系统中充分混合,同时采用气泡分离每个样品试剂,使每个样品在流动系统中均匀混合并发生反应生成有色化合物,比色器比色后生成比色信号输入电脑,进而连接电脑中的 AACE 软件自动处理数据并且生成报告单(张英利等,2006)。读取报告单上的数据,按式(7.2)计算生菜叶片中的全氮含量(见表 7.3):

$$N=\frac{c}{m\times(1-w)}\times100\%\tag{7.2}$$

式中:N 表示被测样本的全氮含量(%);c 表示样品液仪器观测值(mg);m 表示被测样本的质量(mg);w 表示被测样本的含水率(%)。

表 7.3　生菜叶片含氮率统计表

样本个数	最小值(%)	最大值(%)	平均值(%)	标准差(%)
60	2.02	5.70	4.07	0.99

7.3.2　叶片水分含量测定

由于生菜叶片叶面积大、蒸腾量大,易受气温影响蒸发水分,采摘叶片后立即将叶片装入保鲜袋称取鲜重,在恒温 80 ℃烘箱中进行 12 h 的烘干处理,再分别测量叶片干重。叶片质量采用高精度分析天平称取,精度为 0.1 mg。由于叶片鲜重远大于干重,为了突显含水率值,故在计算含水率 W 时,分母采用样本的干重 m_2。生菜叶片干基含水率计算如式(7.3):

$$W=\frac{m_1-m_2}{m_2}\times100\%\tag{7.3}$$

式中:W 为试样本的干基含水率(%);m_1 为测试样本的鲜重(mg);m_2 为测试样本的干重(mg)。

7.4　基于 Adaboost 及高光谱的生菜叶片氮素水平鉴别研究

7.4.1　光谱预处理

设生菜的 3 个氮素水平依次为标准配方中氮水平的 166%、100%、33%,利用营养液自动灌溉系统进行营养液灌溉。

图 7.3 为各样本的原始反射光谱曲线图。在高光谱采集过程中,一些与样本性质无关的干扰因素不可避免。因此,对采集完的原始高光谱数据进行预处理是必不可少的。本章节采用标准归一化变换(SNV)对高光谱数据进行预处理,可以对基线漂移和光散射起到明显的作用(Chen Quansheng,et al,2011)。变换公式如公式(7.4)所示:

$$x_{i,\mathrm{SNV}}=\frac{x_i-\overline{x}}{\sqrt{\sum_{i=1}^{n}(x_i-\overline{x})^2/n}}\tag{7.4}$$

式中：$x_{i,\mathrm{SNV}}$ 是第 i 条光谱经 SNV 变换后的光谱数据；$\bar{x}$ 是第 i 条光谱的 n 个光谱点的平均值。经 SNV 处理后的光谱曲线如图 7.4 所示。

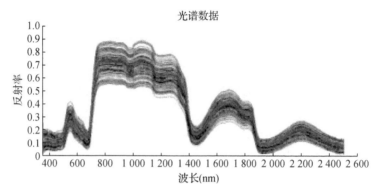

图 7.3　生菜叶片的原始反射光谱

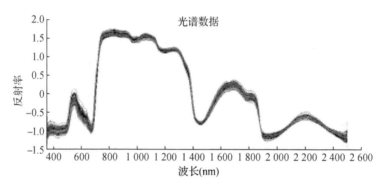

图 7.4　SNV 后生菜叶片的反射光谱

7.4.2　特征提取

PCA 是一种经典的特征提取算法。目前在光谱数据的预处理中，它已受到了广大学者的青睐(Weakley AT,et al,2012)。PCA 方法其实就是将数据空间经过正交变换映射到低维子空间的过程,这种变换在无损或者很少损失了数据集信息的情况下降低了数据集的维数。其主要目的是希望用较少的变量去解释原数据中的大部分变异,将许多相关性很高的变量转化成彼此独立或不相关的变量。通常选出比原始变量个数少、能解释大部分数据中的变异的几个新变量,即所谓主成分。

7.4.3　生菜氮素水平 KNN 分类器建模研究

分类建模所用的生菜叶片样本总共有 159 个,分为三类(缺氮类、正常氮类、过量氮类)。分别从 80 个缺氮、40 个正常和 39 个过氮的生菜叶片样本中随机选取 40 个、20 个、19 个来构成测试样本集,余下的作为训练样本集。特征提取时,进行主成分分析,然后根据表 7.4 中贡献率的分布情况来提取主成分个数。

从表 7.4 中可以明显看出,当主成分数取到 4 时,累计贡献率就达到了 99.47%,说明主成分分析效果良好。在理论上主成分数可以取 4,但是在实际中用分类器对这降维后的数据进行分类时,发现实际分类效果并不理想。因此,在消除数据冗余性对数据降维的同时,要尽可能保持损失的数据量最少,所以在本章节中,提取的主成分数为 12,此时的累计贡献率达到了 99.95%,损失的信息量近乎可以忽略。然后运行 KNN 分类算法,通过手动调整 K 值的大小来最终确定使得分类效果最优的 K 值。表 7.5 给出了 K 值与分类准确率的对应关系。

表 7.4　主成分分析结果

主成分	贡献率	累计贡献率	主成分	贡献率	累计贡献率
PC1	90.28%	90.28%	PC8	0.03%	99.90%
PC2	6.54%	96.82%	PC9	0.02%	99.92%
PC3	2.03%	98.85%	PC10	0.02%	99.93%
PC4	0.62%	99.47%	PC11	0.01%	99.94%
PC5	0.17%	99.64%	PC12	0.01%	99.95%
PC6	0.15%	99.80%	PC13	0.005%	99.96%
PC7	0.07%	99.87%			

从表 7.5 可以看出,用 KNN 分类器对此数据进行分类时,分类效果并不是很理想。通过比较 10 个分类准确率发现,当 K 取到 2 时,分类准确率达到了最大值 74.68%。因此,在下文的迭代算法中,K 的值设为 2。

表 7.5　K 值和分类准确率相关表

K 值	2	3	4	5	6	7	8	9	10
分类准确率	74.68%	72.15%	68.35%	68.35%	69.62%	67.09%	64.56%	63.19%	64.56%

7.4.4　生菜氮素水平 SVM 分类器建模研究

利用 SVM 分类器对同样的训练集和测试集数据进行建模分析,分别利用 SVM 中 3 种常见的核函数(线性内核函数、多项式核函数、径向基(RBF)核函数)来测试 SVM 分类器对此数据的分类能力,分类结果分别如图 7.5、图 7.6、图 7.7 所示。

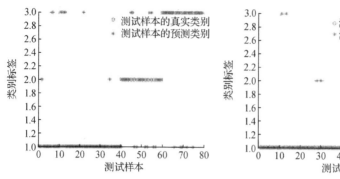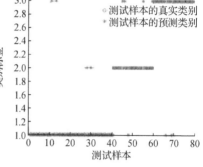

图 7.5　Linear 核函数下的测试样本
的真实与预测类别图

图 7.6　Polynomial 函数下的测试样本
的真实与预测类别图

由图 7.5、图 7.6、图 7.7 可以看出,3 种核函数的分类准确率分别为:70.88%、87.34%、83.54%,分类准确率都达到了 70%以上,说明 SVM 分类器比起 KNN 分类器性能有所提高。其中,多项式核函数的分类效果最优,因此,下文的迭代算法中,选取多项式核函数为固定的核函数。

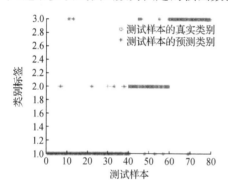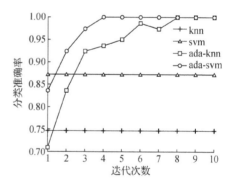

图 7.7　RBF 函数下的测试样本
的真实与预测类别图

图 7.8　根据不同迭代次数四种算法的分类准确率

7.4.5　生菜氮素水平 Adaboost 分类器建模研究

建模试验中,将 KNN 分类器的 K 值固定为 2,SVM 的核函数设为多项式核函数,在传统的 KNN 和 SVM 分类器的基础上引入 Adaboost 算法,迭代次数设为 $T=10$。运行四种分类器:KNN、SVM、Adaboost-KNN、Adaboost-SVM,得到的结果如图 7.8 所示。

针对图 7.8 的迭代次数和分类准确率,可以看出,结合了 Adaboost 后的 Adaboost-KNN 和 Adaboost-SVM 强分类器在分类性能上都已经远远超越了传统的 KNN 和 SVM 分类器。Adaboost-KNN 在迭代了 6 次后,分类准确率出现了一次明显的下滑,但当迭代到 8 次后,准确率基本稳定在 100%,说明此算法的总体稳定性能良好。而 Adaboost-SVM 在前 4 次的迭代过程中,分类准确率随着迭代次数的增加几乎成直线上升,只经过了 4 次迭代后,分类准确率就一直稳定在 100%,说明此算法的稳定性和分类准确性都十分突出。这是因为 SVM 可以通过核函数把一些线性不可分的数据映射在高维空间中再进行线性分类。因此,在对数据的分类中,尤其是对一些非线性数据,SVM 的分类性能优于 KNN分类器。可见,对弱分类器的选取对最终强分类器的构成起到了至关重要的作用。

综合比较四种分类算法,可以发现,SVM 和 KNN 分类器经 Adaboost 的提升后,分类性能都得到了较大的提升,这是因为 Adaboost 算法可以根据弱分类器的分类误差可以自主选择弱分类器的权重,从而使得最终构成的强分类具有最优的分类性能。四种分类算法中,Adaboost-SVM 的分类性能最平稳且分类效果最优,最适合于对生菜氮素水平含量的分类建模。

7.4.6　本节小结

本章节利用 FieldSpec® 3 型光谱仪获得生菜叶片的光谱数据,采用标准归一化变换(SNV)对光谱数据进行去噪处理,利用主成分分析对数据降维和去相关,提出采用 Adaboost 和 KNN、SVM 相结合的集成算法 Adaboost-KNN、Adaboost-SVM,最后利用这四种算法进行建模。结果表明,从分类性能上看,Adaboost-KNN 和 Adaboost-SVM 较传统的 KNN、SVM 有了较大的提高。从稳定性上看,Adaboost-SVM 能在迭代次数较少的情况下较快提升分类的准确率,而且在后面的几轮迭代中,分类准确率一直稳定在 100%。综上所述,Adaboost-SVM 较前三者有较大的优势,因此 Adaboost-SVM 可以用来作为生菜叶片氮素水平鉴别的建模算法,同时也为农业工程中其他模式分类问题提供了一种有效的解决途径。

7.5　基于高光谱图像及 ELM 的生菜叶片氮素水平丰缺定性分析

7.5.1　光谱预处理

从移栽开始,分别按标准营养液配方氮元素投入量的 50%～150% 处理试验样本,其他营养元素按正常量投入,按 3 个氮素水平处理:第 1 组(N_1)在标准配方的基础上,在不影响其他营养素的情况下,将氮元素增加一倍;第 2 组(N_2)按照标准配方配制营养液;第 3 组(N₃)在标准配方的基础上,在不影响其他营养素的情况下,分别将氮元素减少为标准配方的 50%,每个氮素水平栽培 84 株。

针对每个生菜叶片样本的高光谱图像,避开主叶脉在高光谱图像中选叶片左上、左下、右上、右下 4 个 60 像素×60 像素点为感兴趣区域(ROI)的平均值作为样本的原始光谱,具体示意图如图 7.9 所示。本研究采集了 252 条光谱曲线数据(缺氮类、正常类和过氮类各 84 组),提取的光谱曲线原始数据为 252×512 维。本试验所有样本的原始高光谱图像光谱曲线如图 7.10 所示。采集的光谱范围为 390~1 050 nm,从图 7.10 可以看出,在 410 nm 以下和 750 nm 以上光谱值存在一定的噪音,并且氮素的吸收光谱主要集中在 400~700 nm 范围内,因此本研究截取 411~860 nm

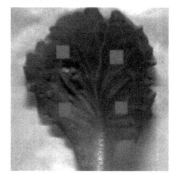

图 7.9　高光谱图像中的 4 个
60 像素×60 像素点的 ROI

(光谱数据 252×353 维)范围内的平均光谱进行分析。经 SNV 处理后的光谱曲线如图 7.11 所示。

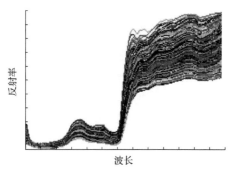

图 7.10　样本的高光谱图像原始光谱曲线

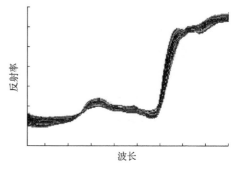

图 7.11　SNV 处理后的光谱曲线

7.5.2　特征提取

本章节采用主成分分析(principal component analysis,PCA)进行特征提取,提取 PCA 降维后的矩阵小于 $n-1$ 维作为最终特征,n 为样本总数,为了最大限度地保留原始光谱的所有信息,因此文中的原始光谱(252×353 维)经 PCA 降维后变为 252×250 维。每个氮素水平的光谱数据各取一半分别作为训练样本数据和测试样本数据,即 126 个样本作为训练样本集,剩余的 126 个样本作为测试样本集。

7.5.3 生菜氮素水平 SVM 建模研究

Huang Guangbin 把 SVM 看成了神经网络(Huang Guangbin,et al,2011),该思想把神经网络的输入层到最后一层隐含层的部分或者 SVM 核函数映射的部分都看成了从输入空间到一个新的空间的转换。在构建 SVM 网络模型时在保证模型其他参数不变情况下,要考虑核函数对模型的影响,本章节采用默认的 RBF 核函数。本试验运行时间为 0.530 59 s,分类正确率为 55.556%。SVM 模型测试分类图如图 7.12 所示。

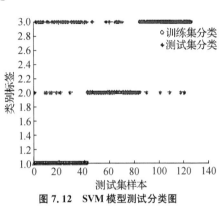

图 7.12　SVM 模型测试分类图

7.5.4 生菜氮素水平 BP 神经网络建模研究

BP 神经网络隐含层节点数对 BP 神经网络训练精度有较大的影响,节点数太少,网络不能很好地学习,需要增加训练次数,训练精度也受到影响,节点太多,训练时间增加,网络容易出现过拟合。BP 最佳隐含层节点数可以选择参考如下公式:

$$L < \sqrt{m+n} + \alpha$$

式中:n 为输入层节点数;L 为隐含层节点数;m 为输出层节点数;α 为 0~10 之间的常数,本研究的输入层节点为 250,输出层为 3,通过计算 BP 隐含层节点数为 0~20。为了构建分类器的最优分类正确率不同的隐含层节点数逐一试验,最终确定隐含层节点数为 5(如图 7.13 所示),误差指数设置为 0.001,训练步长为 0.05,训练次数为 5 000。本试验运行时间为 7.031 1 s,由于 BP 网络分类输出结果为非整数结果,因此程序中进行了四舍五入处理,分类正确率 99.206 3%。

BP 模型测试分类图如图 7.14 所示。

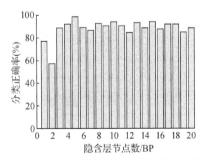

图 7.13　BP 模型隐含层各节点分类正确率

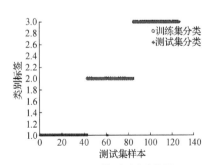

图 7.14　BP 模型测试分类图

7.5.5　生菜氮素水平 ELM 建模研究

　　ELM 算法在建立模型之前只要确定网络激励函数和隐含层节点数就可以了,本研究选用 Sigmoidal 函数作为 ELM 网络的激励函数。为了与 BP 神经网络进行对比,ELM 的隐含层节点数也选用 0~20,并在其中根据分类正确率情况选择最佳隐含层节点,隐含层节点数为 0~20 的模型的分类情况如图 7.15 所示。故本章节设定隐含层节点数为 17。本试验运行时间为 0.623 04 s,分类正确率为 100%。ELM 模型测试分类图如图 7.16 所示。

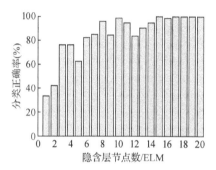

图7.15　ELM 模型隐含层各节点分类正确率

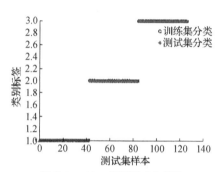

图 7.16　ELM 模型测试分类图

7.5.6　本节小结

　　本章节利用高光谱图像采集系统对不同氮素水平的生菜叶片进行图像采集,提取了生菜叶片高光谱图像的四个感兴趣区域光谱平均数据作为原始的光谱曲线。经过光谱预处理(SNV)对原始光谱数据进行预处理,利用主成分分析(PCA)对光谱进行特征提取,确定 ELM 网络模型的激励函数和最佳分类正确率隐含层节点数,构造生菜氮素丰缺判断分类器,并与传统的 BP 网络模型和 SVM 模型进行比较。结果表明,ELM 网络模型优于 BP 网络模型和 SVM 模型。利用高光谱图像技术和 ELM 构建分类模型定性分析生菜氮素水平丰缺状况(缺氮、正常、过氮)的思路是可行的,研究结果为实时监测生菜生长过程氮素水平提供了技术支持。

7.6　基于高光谱图像的生菜叶片氮素含量预测

7.6.1　叶片氮含量测定结果

　　生菜叶片氮素含量测定试验在高光谱图像采集完后立即进行,采用英国

SEAL 公司生产的 AutoAnalyzer3 型连续流动分析仪对 60 个生菜样本进行氮素含量测定,最终得到每个生菜叶片的含氮百分比。表 7.6 为实测的生菜叶片含氮率的最小值、最大值、平均值、标准差。

表 7.6　生菜叶片含氮率统计表

样本个数	最小值(%)	最大值(%)	平均值(%)	标准差(%)
60	2.02	5.70	4.07	0.99

7.6.2　光谱预处理

为了培育不同氮素含量的生菜样本,从移栽开始,分别按标准营养液配方氮元素投入量的 25%～150% 处理试验样本,其他营养元素按正常量投入,按 5 个氮素水平处理;第 1 组(N_1)按照标准配方配置营养液(100%);第 2 组(N_2)、第 3 组(N_3)、第 4 组(N_4)、第 5 组(N_5)在标准配方的基础上,在不影响其他营养素的情况下,将氮元素含量分别设为标准配方的 150%、75%、50%、25%。

在莲座期,从各组生菜中(不同氮素水平)挑选叶位相同、颜色靓丽、叶面无斑点、叶肉饱满的生菜叶片样本,每组采摘 12 片,共计 60 片,采摘完后依次装入密封食品塑料袋,并立即送往仪器实验室进行高光谱图像的采集。

拟采用 8 种光谱预处理算法:平滑(smoothing)、矢量归一化(vector normalize)、基线校正(baseline correction)、多元散射校正(MSC)、标准正态变换结合去趋势(SNV+detrending)、一阶导数(First derivative)、二阶导数(Second derivative)、正交信号校正(OSC)分别对原始光谱进行预处理。根据后续 PLSR 回归模型的效果寻找最合适的光谱预处理方法。由于高光谱图像在开头和结尾部分信噪比较低,因此需要对原始光谱数据波段进行裁剪,最终得到 452～982 nm(共 412 个波长)范围内的光谱数据,光谱曲线图如图 7.17 所示。

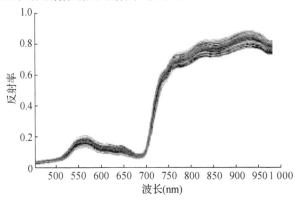

图 7.17　原始光谱曲线图

利用上文提到的 8 种光谱预处理算法对原始数据进行预处理,同时将 60 个生菜叶片样本分为两个部分,40 个作为校正集,剩下 20 个作为预测集,最后利用 PLSR 对原始光谱数据和预处理后的数据进行建模试验,结果如表 7.7 所示。

表 7.7　不同预处理算法的 PLSR 建模结果比较

模型	预处理方法	潜在因子数	R_C^2	R_{CV}^2	R_P^2	RMSEC	RMSECV	RMSEP
1	原始光谱	7	0.902	0.831	0.669	0.314	0.423	0.597
2	平滑	7	0.902	0.832	0.673	0.314	0.421	0.593
3	矢量归一化	4	0.839	0.777	0.794	0.402	0.485	0.471
4	基线校正	6	0.894	0.832	0.737	0.327	0.421	0.532
5	多元散射矫正	10	0.939	0.815	0.783	0.247	0.443	0.483
6	标准正态变量变换+去趋势	8	0.919	0.814	0.813	0.285	0.443	0.448
7	一阶导数	3	0.865	0.832	0.495	0.368	0.421	0.737
8	二阶导数	3	0.845	0.794	0.463	0.394	0.466	0.862
9	正交信号校正	6	0.902	0.845	0.815	0.360	0.427	0.446

注:MSC:Multiplication Scatter Correction;SNV:Standard Normalized Variable;OSC:Orthogonal Signal Correction;R_C^2:Coefficient of determination for calibration(校正集决定系数);RMSEC:Root Mean Square Error for Calibration(校正集均方根误差);R_{CV}^2:Coefficient of determination for validation(交叉验证决定系数);RMSECV:Root Mean Square Error for Validation(交叉验证均方根误差);R_P^2:Coefficient of determination for prediction(预测集决定系数);RMSEP:Root Mean Square Error for Prediction(预测集均方根误差)

由表 7.7 可以看出,不同预处理算法对所建模型的性能会造成一定的影响,部分预处理算法能提升模型的性能,然而也有部分算法降低了模型的性能。从模型的复杂度来看,利用 1st derivative、2nd derivative、Vector Normalize、Baseline Correction、OSC 预处理算法所建模型的复杂度较低;从预测精确度来看,利用 SNV+detrending、OSC、Smoothing 预处理算法所建模型的预测精度较高,因此,OSC 预处理算法效果最好,故利用 OSC+PLSR 建立的模型对生菜叶片中的氮素含量具有一定的预测能力。

7.6.3　特征提取

为了建立快速、高效、精简的预测模型,本章节根据 OSC+SW+PLSR 建模分析中的回归系数值的大小,优选出 13 个敏感波长,依次为 523.5 nm、570.1 nm、580.2 nm、651.4 nm、707.9 nm、737.6 nm、779.2 nm、807.9 nm、844.6 nm、864.4 nm、917.3 nm、933.3 nm、

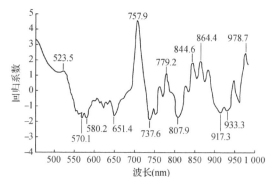

图 7.18　OSC+PLSR 回归系数结果图

978.7 nm,减少了自变量的个数,以便简化模型复杂度,提升建模的效率。OSC+PLSR 建模分析回归系数结果如图 7.18 所示。

7.6.4 生菜氮含量 PLSR 建模研究

对 OSC 预处理后的光谱数据进行敏感波长的提取,将提取出的 13 个敏感波长对应的数据作为 PLSR 的输入,从 60 个生菜叶片样本中随机选取 40 个样本作为校正集,剩下 20 个作为预测集,建立 OSC+SW+PLSR 预测模型。校正集和预测集的预测结果分别如图 7.19、图 7.20 所示,结果如表 7.8 所示。

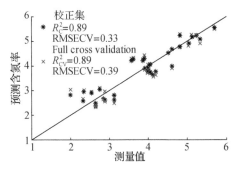

图 7.19　氮含量预测模型结果(校正集)　　图 7.20　氮含量预测模型结果(预测集)

表 7.8　利用敏感波段 PLSR 建模结果

Model	Pre-processing method	Latent number	R_C^2	R_{CV}^2	R_P^2	RMSEC	RMSECV	RMSEP
1	OSC+SW	5	0.891	0.852	0.814	0.331	0.394	0.448

注:OSC+SW:Orthogonal Signal Correction+sensitive wavelengths(正交信号校正+敏感波长)。

从图 7.19、图 7.20 可以看出,不管是对于校正集还是预测集,PLSR 模型预测值与测量得到的叶片氮素值拟合得都较好,说明利用高光谱图像技术结合 OSC 光谱预处理方法、PLSR 建模方法能够对生菜叶片氮素含量进行预测,并且能够获得满意的预测效果。

由表 7.8 列出的 OSC+SW+PLSR 建模结果与表 7.7 列出的 OSC+PLSR 建模结果相比,可以发现,利用 13 个敏感波长构建的 OSC+SW+PLSR 模型与全波段构建的 OSC+PLSR 模型相比,预测精度均较优,但从构建模型的复杂度上来看,OSC+SW+PLSR 模型的复杂度明显低于 OSC+PLSR 模型,说明所选出的 13 个敏感波长基本涵盖了生菜叶片中氮素含量的信息,减少了建模时间,提高了预测效率。

7.6.5 本节小结

利用高光谱图像技术采集了 60 个生菜叶片的高光谱图像,通过 AutoAnalyzer3

型连续流动分析仪测定对应生菜叶片中的氮素含量值,采用 ENVI 软件提取出生菜叶子表面区域的平均光谱数据,并对提取出的平均光谱数据进行预处理(8 种预处理方法),最后分别将原始光谱数据、8 种预处理后的光谱数据作为 PLSR 的输入,建立 9 个生菜氮素含量预测模型。通过比较这 9 个预测模型的结果,选出最优预测模型 OSC+PLSR,并分析 OSC+PLSR 模型的回归系数图,选出 13 个敏感波长,然后将 13 个敏感波长作为 PLSR 输入,最终建立 OSC+SW+PLSR 生菜氮素含量预测模型,与 OSC+PLSR 模型相比,预测效率得到了较大的提升,这可以作为一种高效、准确、无损的新方法用于生菜叶片中氮素含量的预测,能够为生菜氮素营养诊断和经济合理施肥提供参考。

7.7　基于遗传算法的生菜氮素水平特征优化选择

7.7.1　图像采集与预处理

在生菜培育阶段:为了获取不同氮素水平的样本,本研究使用日本山崎配方,采用珍珠岩袋培方式对生菜进行样本的培育,用蒸馏水进行营养液的配制,并利用营养液自动灌溉系统进行灌溉。

在图像采集阶段:选择图像采集设备时充分考虑野外作业的特殊要求,并且考虑设备是否便携,是否使用直流供电设备,以及图像精度是否达到试验要求等,确定相机的型号:佳能 60D,1 800 万像素。并将数码相机固定在支架上,使相机与生菜叶片的距离保持 20 cm,具体装置图见图 7.21,拍摄时间均在 11 点至 13 点之间,以确保充足的光照。为了解决生菜叶片表面凸凹不平导致光照不均的问题,采用 LED 灯对其光照补偿。在图像预处理阶段通过图像灰度变换、图像增强、图像分割、膨胀和腐蚀处理,使得预处理之后的图像更加清晰可见,方便后续的特征选择与提取。

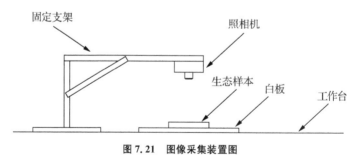

图 7.21　图像采集装置图

7.7.2　图像特征提取及优化

1）通过分析生菜叶片的特征,提取出生菜叶片的纹理、形状及颜色特征

（1）纹理特征

为了减少运算复杂性,选择一致性、三阶矩、平滑度、能量、熵、灰度均值、标准差、方差、粗糙度、对比度、方向度共 11 个纹理特征值。

（2）形状特征

为了保证提取的特征值不会因图像平移、旋转和成比例放缩而改变,因此选择 7 个不变矩（B. J. Chen,et al,2012）（η_1、η_2、η_3、η_4、η_5、η_6、η_7）作为生菜叶片氮素水平的识别特征。

（3）颜色特征

由于 HIS 中的各分量独立性很强,并且图像颜色的分布信息主要集中在低阶矩中,因此本章节求取 H、S、I 三分量的一阶矩、二阶矩和三阶矩,共计 9 个特征值,用此数值来表示生菜图像的颜色分布。由于求出 S 和 I 的二阶矩的值是复数,因此舍去不要,保留其余的 7 个特征值,其表达式如下所示:

$$\mu_j = \frac{1}{N} \sum_{i=1}^{N} H(Q_{i,j}) \tag{7.5}$$

$$\sigma_j = \sum_{i=1}^{N} \sqrt{\frac{\sum_{i=1}^{N} (H(Q_{i,j}) - \mu_j)^2}{N}} \tag{7.6}$$

$$S_j = \sum_{i=1}^{N} \sqrt[3]{\frac{\sum_{i=1}^{N} (H(Q_{i,j}) - \mu_j)^3}{N}} \tag{7.7}$$

式中:Q_{ij} 为彩色图像中第 j 个颜色分量中灰度为 i 的像素出现的概率;N 为彩色图像中像素的个数。

2）基于遗传算法的数据降维

遗传算法（genetic algorithms,GA）是基于自然选择原理的搜寻算法,它模拟了自然界中的生命进化机制,在人工识别系统中实现某些目标的优化（汤勃等,2011）。具体的特征优化过程如下:

（1）编码:对提取的 25 个特征值采用二进制的方式进行编码,染色体的每一个基因对应着一个特征项,即:染色体某个基因为 1,表示该基因所代表的特征值被选择,否则被忽略。由于生菜特征值为 25 维,因此染色体的长度 L 为 25。

（2）初始化种群:设种群规模大小为 25,迭代次数 200,交叉因子 P_c 为 0.1,变

异因子 P_m 为 0.01,随机生成一个初始种群,其中包括 25 个个体,记为:$(x_1, x_2, x_3, \cdots, x_{25})$。

（3）计算适应度函数值。适应度函数采用类内——类间距离判据,其值决定了染色体 c 的分类能力。表达式为:

$$F_{\text{fitness}}(c) = \frac{\text{tr}(S_b(c))}{\text{tr}(S_w(c))} \qquad (7.8)$$

式中:$S_b(c)$ 为类间距离;$S_w(c)$ 为类内距离。

（4）种群的进化:种群的进化操作主要包括选择、交叉和变异。

① 选择:选择就是依据适应度函数值的大小来选择当前群体中的优良品种。通过适应度函数值保留上代的最优染色体,其余的染色体利用轮盘赌方法进行选择。

② 交叉:对选择之后的群体按照交叉算子 P_c 进行交叉操作。通过交叉操作,可以得到中间个体,它组合了父辈个体的特性。常用的交叉算子有点点交叉、多点交叉和均匀交叉等。

③ 变异:对交叉操作后的群体按照变异算子 P_m 对群体中的每一个个体进行变异操作,从而形成一个新的个体,变异发生的概率比较低,它为新个体的产生提供了机会。

（5）终止条件的判断:当迭代次数达到 200,或连续 20 代个体适应度函数值之差的绝对值小于 0.001,终止计算,输出最优解。

通过试验,输出最终结果为:(11001010001110010001001101),即:选择了一致性、三阶矩、熵、标准差、方向度、η_1、η_2、η_5、I2、S2 和 H2 共 11 个特征值。其特征优化过程最优个体适应度函数值随迭代次数的变化趋势如图 7.22 所示,由图可知,当迭代次数达到 163 代时,便产生了上述最优个体。

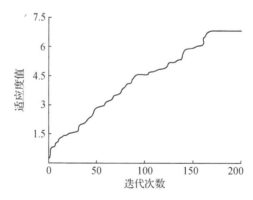

图 7.22　最优个体的适应度值随迭代次数的变化趋势

3）基于主成分分析的数据降维

主成分分析(principal component analysis)(宁莹莹等,2010)的目的是用某些较少的变量去解释原始数据中绝大部分信息,并将原来相关性较高的变量值转换成彼此之间相互独立的变量值。本章节将 PCA 方法应用于生菜叶片特征值的数据降维。其具体步骤包括:

(1) 对生菜特征原始数据进行标准化处理;

(2) 计算生菜特征之间的相关系数矩阵;

(3) 计算生菜叶片的特征值和特征向量;

(4) 选择 $p(p \leqslant m)$ 个主成分,并计算其信息贡献率和累积贡献率,并求出相应的特征向量,则该组向量就是所求的主成分。

通过以上步骤对读取生菜叶片图像的 25 维特征值进行数据降维,最终选择累计贡献率为 98.24% 的 12 个主成分(见图 7.23)。

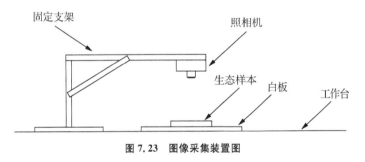

图 7.23 图像采集装置图

7.7.3 生菜氮素水平 SVM 建模分析

为检验遗传算法的特征优化及 PCA 降维效果,在训练支持向量机阶段,选择 90 幅生菜叶片图像的样本数据,其中包括正常、缺氮和过氮各 30 个,测试数据样本为 30,包括幼苗期、发棵期和成熟期各 10 个。通过训练集训练支持向量机,获得预测模型,并对测试集进行预测,预测效果图如图 7.24 所示。其中图 7.24(a)表示经过遗传算法优化特征数据之后的识别效果;图 7.24(b)表示经过 PCA 数据降维之后识别效果;图 7.24(c)表示没有进行数据降维的识别效果。具体预测精度和预测所需时间的对比结果见表 7.9。

试验结果表明,经过遗传算法特征优化之后的数据在识别过程中只有 2 个错分点,而经过 PCA 降维之后的数据在识别过程中包括 6 个错分点,没有经过处理的数据在识别过程中包括 9 个错分点,而且没有经过降维处理的数据识别时间长,这便证明了特征优化在数据预测中的必要性。此外,相比 PCA 数据降维方法,基于遗传算法的数据降维方法更具有效性,不仅分类精度高,而且所需时间短。

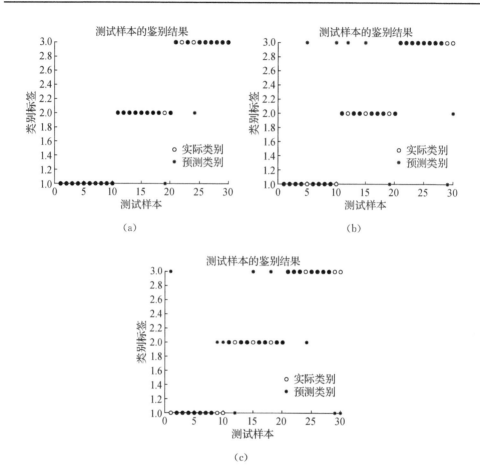

（a）
（b）
（c）

图7.24 生菜氮素水平等级预测效果图

表7.9 识别精度与识别时间对比表

项　目	遗传算法优化之后的识别结果	PCA降维之后的识别结果	降维前识别的结果
识别精度（%）	93.33	76.67	70
识别时间 T(s)	108.73	126.38	189.64

7.7.4　本节小结

本章节将遗传算法和PCA数据降维方法应用于生菜氮素水平等级预测中,分别对提取的25维特征向量进行优化选择。结果显示:经过遗传算法优化后最终选择了11维特征向量,去除了冗余的14维特征向量,而经过PCA降维之后选择了12个主成分。预测结果显示:没有经过处理的数据识别效率较低,识别时间较长,遗传算法无论在识别精度还是在识别时间上均优于PCA降维方法,此结果进一步表明:PCA 在优化非线性数据时有一定的局限性。同时,遗传算法和 PCA 降维的有效性表明,所提取的反映生菜氮素水平的图像特征向量是可靠和正确的。

7.8 基于 MSCPSO 混合核 SVM 参数优化的生菜品质检测

7.8.1 数据源及图像获取

将生菜叶片按照生长周期分为 3 个生育期:幼苗期、发棵期和成熟期,在每个生育期内分别获 3 个不同氮素水平(正常、缺氮和过氮)的生菜叶片。

试验所选的装置为:数码相机和相机三脚架,数码相机的型号为佳能 60D,有效像素 1 800 万。将数码相机固定在相机三脚架上,使相机与生菜叶片的距离大约保持 20 cm,拍摄时间均在 11:00 至 13:00 之间,以确保充足的光照。为了解决生菜叶片表面凸凹不平导致光照不均的问题,采用 LED 灯对其光照进行补偿,并且在后续图像预处理中采用图像增强以及直方图均衡化等处理,在一定程度上提高分类精度。

7.8.2 图像特征提取及优化

将采集的生菜叶片经过图像增强、图像分割、膨胀和腐蚀等一系列预处理之后,提取能够反映生菜生长状况的特征值,例如:平滑度、熵、粗糙度、对比度、颜色矩等 26 个特征值,由于特征值的数量(维数)直接影响训练支持向量机的时间,所以,在不丢失有用特征信息的前提下,尽可能地降低特征值的数量,本章节选择主成分分析法对原始数据降维,使累计贡献率不小于 98%,最终获得 12 个主成分。

7.8.3 生菜氮素水平 MSCPSO-SVM 分类建模分析

生菜生育期包括幼苗期、发棵期和成熟期。因为本试验的目的是定性地分析生菜叶片中氮素水平(缺氮、正常和过氮),由于每个生育期对氮素水平的要求不同,所以要判断生菜叶片的氮素水平,首先要确定生菜叶片所属的生育期,然后对每个生育期的生菜叶片氮素水平进行判断。因此,试验数据所包含的信息不仅能够判断出生菜叶片所处的生育期,而且能够判断出生菜叶片是否缺氮、正常和过氮。① 生育期的判断。取 360 个样本数据,其中幼苗期、发棵期和成熟期各 120 个样本,取其 270 个为训练样本,其中幼苗期、发棵期和成熟期各 90 个,剩余的 90 个为测试样本,包括幼苗期、发棵期和成熟期各 30 个。② 氮素水平的判断。每个生育期取 120 个样本,其中正常、缺氮和过氮各 40 个样本,取 90 个训练样本,其中正常、缺氮和过氮各 30

个,剩余 30 个为测试数据,包括幼苗期、发棵期和成熟期各 10 个。

对以上数据分别用变尺度混沌粒子群优化支持向量机参数算法、粒子群优化混合核支持向量机参数算法和本章节提出两者相结合的方法对这 4 组数据试验,比较分类效果。

MSCPSO 优化混合核 SVM 参数算法的参数设置如下:粒子群的种群规模为 20,$c_1 = c_2 = 2$,迭代最大次数为 200。同时文中对 C、σ 和 τ 3 个参数采用二进制编码,其中 C 的搜索范围设置 $[0.01, 1\,000]$,σ 的搜索范围设置为 $[0.1, 100]$,τ 的取值范围为 $[0.5, 0.99]$,r_1、$r_2 \in [0, 1]$,$x_{max} = v_{max} = 50$。

算法的结束条件为:最大进化代数超过 200 代或连续 10 代最优解之差的绝对值小于 0.001,则寻优过程停止,此时的参数为支持向量机要求的最优参数,如果同时有多组数据满足要求,则选取 C 值最小的那组参数为最优参数。

试验是以分类误差为适应度函数,本章节分别给出了适应度值即分类误差随迭代次数的变化曲线(试验采用的是幼苗期生菜叶片的特征数据),图 7.25 表示基于 PSO 的混合核 SVM 参数算法的最优个体适应度的变化曲线,其最优个体适应度为 0.000 97;图 7.26 表示基于 MSCPSO 的 RBF_SVM 参数算法的最优个体适应度的变化曲线,其最优个体适应度为 0.000 60;图 7.27 表示基于 MSCPSO 的混合核 SVM 参数算法的最优个体适应度的变化曲线,其最优个体适应度为 0.000 34。

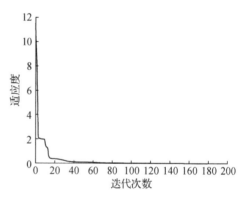

图 7.25　基于 PSO 的混合核 SVM
参数算法的优化过程曲线

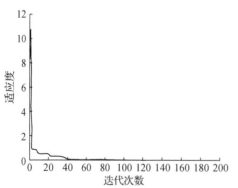

图 7.26　基于 MSCPSO 的 RBF_SVM
参数算法的优化过程曲线

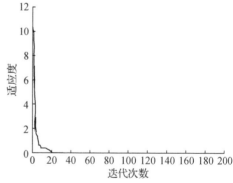

图 7.27　基于 MSCPSO 的混合核
SVM 参数算法的优化过程曲线

表 7.10 为基于 PSO 的混合核 SVM 参数算法、基于 MSCPSO 的 RBF_SVM 参数算法和基于 MSCPSO 的混合核 SVM 参数算法分别训练 4 组数据得到最优参数所需要的时间。从表中可以得出：与基于 PSO 的混合核 SVM 参数算法和基于 MSCPSO 的 RBF_SVM 参数算法相比，基于 MSCPSO 的混合核 SVM 参数算法得到最优参数组合所需的时间较短，分类时效性有所提高。表 7.11 分别为 4 组数据通过基于 PSO 的混合核 SVM 参数算法、基于 MSCPSO 的 RBF_SVM 参数算法以及基于 MSCPSO 的混合核 SVM 参数算法得到的最优参数组合以及在最优参数组合下训练支持向量机所得到的分类精度。由表中数据可以得出，基于 MSCPSO 的混合核 SVM 参数算法训练得到的支持向量机模型分类精度最高，生育期与各生育期氮素水平分类精度分别为：91.51%、85.38%、82.59%、81.26%。

表 7.10　各种优化算法得到最优参数所需的时间

数据集	基于 PSO 的混合核 SVM 参数算法	基于 MSCPSO 的 RBF_SVM 参数算法	基于 MSCPSO 的混合核 SVM 参数算法
生育期的判断	109.37	108.69	93.16
幼苗期氮素水平判断	135.88	127.55	108.33
发棵期氮素水平判断	121.64	100.45	97.51
成熟期氮素水平判断	128.98	115.84	97.32

表 7.11　通过各种优化算法得出的分类精度

数据集	基于 PSO 的混合核 SVM 参数算法		基于 MSCPSO 的 RBF_SVM 参数算法		基于 MSCPSO 的混合核 SVM 参数算法	
	(C, σ, τ)	分类精度(%)	(C, σ)	分类精度(%)	(C, σ, τ)	分类精度(%)
生育期判断	(7.49, 0.67, 0.59)	87.32	(7.78, 0.56)	86.50	(6.51, 0.63, 0.79)	91.51
幼苗期氮素水平判断	(18.33, 2.17, 0.64)	83.47	(19.57, 1.59)	80.32	(18.4, 0.9, 0.76)	85.38
发棵期氮素水平判断	(33.26, 1.54, 0.79)	73.54	(35.11, 0.96)	76.83	(34.27, 1.17, 0.83)	82.59
成熟期氮素水平判断	(38.67, 3.31, 0.45)	78.57	(40.76, 3.22)	72.91	(36.15, 2.97, 0.87)	81.26

7.8.4　本节小结

从影响支持向量机性能的两个因素提出 MSCPSO 优化混合核 SVM 参数的分类模型，该方法既继承了 RBF 核函数的学习能力强，多项式核函数的泛化能力强的优点，又保持了基本 PSO 算法的简单、易实现等优点，弥补 PSO 算法收敛速度慢、后期振荡、容易陷入局部最小值点等缺陷，取得最佳的参数组合。分类结果表明，MSCPSO 的混合核 SVM 参数优化方法时效性最好，分类精度最高，生菜生育期与各生育期氮素水平分类精度分别为 91.51%、85.38%、82.59%、81.26%。

7.9　基于高光谱图像光谱与纹理信息的生菜氮素检测

7.9.1　高光谱图像预处理

为了培育不同氮素含量的生菜样本,从移栽开始,分别按标准营养液配方氮元素投入量的 25％、50％、75％、100％、150％即 5 个不同氮素水平处理试验样本,其他营养元素按正常量投入。从各组生菜中每株生菜(不同氮素水平)上挑选叶位相同(顶 1 叶)、颜色靓丽、叶面无斑点、叶肉饱满的生菜叶片样本,每组采摘 12 片,共计 60 片(其中 40 片作为校正样本集,剩余 20 片作为测试样本集),采摘完后依次装入密封食品塑料袋,并立即送往仪器实验室进行高光谱图像的采集。高光谱图像预处理的系列步骤如图 7.28 所示。

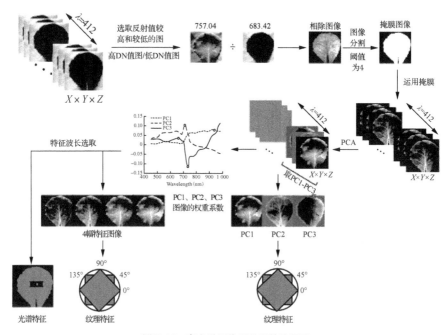

图 7.28　高光谱图像预处理的流程图

7.9.2　图像特征提取

1) 主成分分析

主成分分析(PCA)是一种有效的降维算法,已经广泛应用于光谱分析领域(Kamruzzaman M,et al,2013)。主成分分析主要是通过利用一组新的、互相无关

的变量来尽可能多地解释原变量的所有信息,利用 PCA 降维后的图像表示,如下所示:

$$
\begin{cases}
PC_1 = \sum_{i=1}^{m} \beta_i^1 \lambda_i \\[6pt]
PC_2 = \sum_{i=1}^{m} \beta_i^2 \lambda_i \\[6pt]
PC_s = \sum_{i=1}^{m} \beta_i^s \lambda_i \\[6pt]
PC_m = \sum_{i=1}^{m} \beta_i^n \lambda_i
\end{cases}
\tag{7.9}
$$

式中:PC_s 为第 s 个主成分图像;λ_i 为第 i 个波段所对应的图像;β_i^s 为该主成分在 λ_i 下的权重系数,β_i^s 的值越大,表明 λ_i 对主成分图像 PC_s 的贡献度就越大。本章节根据协方差贡献率的大小提取前 3 幅主成分图像 PC_1、PC_2、PC_3。

2) 特征波长选取

同传统的光谱或图像技术相比,高光谱图像技术具有波段数多且连续、光谱范围窄、数据量大的特点,可同时提供空间信息和光谱信息,使得目标所获的信息量更加完整。然而,高光谱数据量大、波段间冗余性强的特点也会给后期的数据处理和建模造成一定的影响,因此选择一些具有代表性的特征波长就变得非常重要。本章节根据 60 个样本的前 3 幅主成分图像 PC_1、PC_2、PC_3

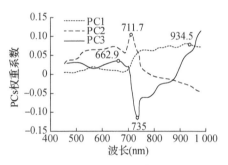

图 7.29 前 3 个主成分图像下各波段的平均权重系数图

(累积贡献率大于 99%)下各波长的平均权重系数绝对值的大小,共选取了 4 个特征波长,依次为 662.9 nm、711.7 nm、735 nm(位于红边区域,主要受叶绿素的影响较大,与作物氮素营养有着密切的关系)、934.6 nm(主要受作物细胞结构的影响,与氮素营养有一定的联系),如图 7.29 所示。通过对 60 个生菜叶片样本依次计算各自 ROI 区域内所有像点的平均光谱数据,提取所有叶片样本在 4 个波长下的光谱数据作为样本的光谱特征,然后将光谱数据存储为 60×4 的矩阵格式。

3) 常规纹理特征提取

当作物中的氮素含量发生变化时,作物的生长趋势会随之受到一定的影响(黄双萍等,2013),这不仅会导致作物的光谱特性发生变化,同时也会导致作物的纹理特性发生一定的变化。因此,可以通过利用作物的纹理特征对作物中的氮素含量做一些相关性研究。图像的纹理特征反映具有某种空间位置关系的两个像素之间的灰度关系,本章节采用灰度共生矩阵(GLCM)作为纹理特征。灰度共生矩阵是像素间距离和角度的矩阵函数,利用 Matlab 中的 graycomatrix 函数,将距离参数值固定为 1,方向依次取 0°、45°、90°、135°,分别对感兴趣区域中的叶片进行对比度、相关性、熵、同质性的提取。纹理特征的提取主要分为两个部分:① 对 4 幅特征图像进行纹理特征的提取,将纹理特征数据存储为 60×64 的矩阵格式;② 对 3 幅主成分图像 PC_1、PC_2、PC_3 进行纹理特征的提取,数据以 60×48 的矩阵格式存储。

7.9.3 生菜氮含量 SVR 建模分析

1)特征数据建模

利用支持向量机回归(SVR)对得到的光谱数据进行建模试验,在 SVR 回归分析中,核函数的选取对所建模型的影响较大,从先前的一些研究中可以发现,RBF 核函数具有预测精度高、稳定性好的特点,因此本章节选用的是 RBF 核函数。此外,SVR 回归模型的性能还受参数的影响,包括损失参数 C、gamma 参数等。本次建模试验采用格子搜索和交叉验证的方法(5 折交叉验证)来搜索最佳参数 C 和最优参数 gamma。最终,利用 SVR 建立起叶片光谱数据与对应氮素含量之间的关系模型,结果如图 7.30 所示,基于光谱特征的模型具有较好的预测性能,$R_P^2 = 0.86$,RMSEP 为 0.22。

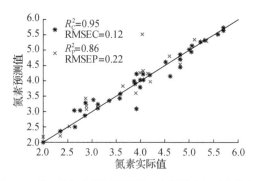

图 7.30 基于特征光谱数据模型氮素测量值与预测值的比较

2)纹理数据建模

本试验主要分两个部分进行,首先从四个角度对 4 幅特征图像进行基于灰度共生矩阵的纹理特征提取(依次为对比度、相关性、熵、同质性),对 60 个生菜叶片样本依次进行,最后提取的数据格式为 60×64。为了进一步分析纹理特征中哪些特征值与氮素之间的关系较密切,本章节将提取出的原始纹理特征数据与对应实测的氮素值进行相关性分析,结果如图 7.31 所示。可以看出,当角度为 0°时,4 个纹理特征与氮素值呈负相关的关系,且相关程度不大,当角度为 45°、90°和 135°时,关系呈正相关,其中在 90°和 135°的时候,相关性达到 0.6 左右,因此选取 90°和135°下的纹理特征值(60×32)用于建模试验。

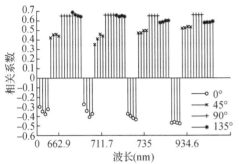
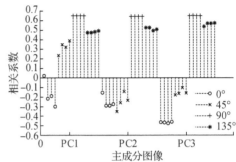

图 7.31　特征图像的纹理特征与氮素值的相关性　　图 7.32　主成分图像的纹理特征与氮素值的相关性

另外,利用以上的方法同样对 PCA 处理后的前 3 个主成分图像 PC_1、PC_2、PC_3 进行处理,结果如图 7.32 所示。可以看出,PC_1 图像在 0°时,纹理对比度特征与氮素值呈正相关关系,但相关性很小,其余特征呈负相关;在 45°、90°和 135°时均呈正相关关系,PC_2 和 PC_3 图像在 0°和 45°时呈负相关关系,相关程度不大;在 90°和 135°时呈正相关关系,相关性为 0.6 左右。因此选取 90°和 135°下的纹理特征值(60×48 到 60×24)用于建模试验。

对特征图像提取出的纹理数据和主成分图像提取出的纹理数据分别利用SVR 进行建模试验,核函数和参数设置方法与上文相同,最终的结果如图 7.33 和图 7.34 所示。在校正性能指标 R_C^2 上,基于主成分图像纹理特征模型优于基于特征图像纹理特征模型,而在预测性能指标 R_P^2 上,基于特征图像纹理特征模型优于主成分图像纹理特征模型。

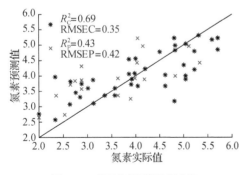
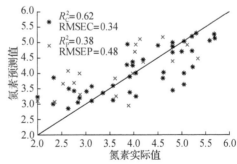

图 7.33　基于特征图像纹理特征　　　　　　图 7.34　基于主成分图像纹理特征
模型的预测值与测量值比较　　　　　　　模型的预测值与测量值比较

3）特征光谱与纹理数据融合建模

尝试将特征光谱数据与纹理数据在特征层进行融合,核函数与参数设置方法不变,利用 SVR 对融合后的数据进行建模,分别建立特征光谱数据与特征图像纹理数据融合模型,特征光谱数据与主成分图像纹理数据融合模型,特征光谱数据、特征图像和主成分图像纹理特征数据融合模型,结果如表 7.12 所示。

表 7.12 三种融合模型对氮素值的预测性能

模 型	R_C^2	RMSEC	R_P^2	RMSEP
基于特征光谱+特征图像纹理模型	0.996	0.034	0.721	0.308
基于特征光谱+主成分图像纹理模型	0.902	0.176	0.851	0.243
基于特征光谱+特征图像 纹理+主成分图像纹理模型	0.974	0.091	0.749	0.304

从表 7.12 可以看出,在这三个融合模型中,从校正集确定系数 R_C^2 来看,基于特征光谱+特征图像的模型效果较好,$R_C^2=0.996$,RMSEC=0.034,这是因为特征光谱信息与特征图像的纹理信息具有较强的相关性,通过融合这两方面的信息使得信息量更加全面了,因此使得构建出的模型具有较高的自测能力,而从该模型的预测集结果来看效果不是很理想,这可能是因为信息量全面的同时,由于特征光谱信息与特征图像纹理信息的相关性较高,产生了部分冗余信息,从而导致了预测集结果的不理想;从预测集确定系数 R_P^2 来看,基于特征光谱+主成分图像的模型效果较好,$R_P^2=0.851$,RMSEP=0.243,但是与单独利用光谱数据建立的模型相比,性能还是下降了,这是因为主成分图像的纹理信息与生菜氮素含量的相关性较差,融合了这部分纹理数据,其实是等于引入了部分不相关的信息,因此融合模型的性能反而变差了。

7.9.4 本节小结

利用高光谱图像系统获取生菜叶片的高光谱图像(390～1 050 nm),通过主成分分析法提取出 4 个特征波段与前 3 幅主成分图像,然后进行光谱数据与图像纹理数据的提取,最后,本章节尝试分别利用特征光谱数据、纹理数据、融合数据来建立预测生菜叶片氮素值共 6 个模型。比较 6 个模型性能,可以发现:① 从模型性能指标之一校正集确定系数来看,基于特征光谱+特征图像的模型效果较好,$R_C^2=0.996$,RMSEC=0.034;② 在预测性能指标上,基于特征光谱的模型效果较好,$R_P^2=0.86$,RMSEP 为 0.22;③ 基于常规纹理特征的模型性能稍逊,可能原因是常规纹理特征与生菜叶片氮素的相关性在 0.6 左右,寻找与氮素相关性更大的纹理特征是可以提高模型性能的一个途径。

7.10　基于有监督特征提取的生菜叶片农药残留浓度高光谱鉴别

7.10.1　光谱预处理

农药选用宜兴宜州化学制品有限公司出品的总有效成分含量为 20% 的氰戊菊酯乳油,分 4 种农药浓度,分别为 1.25 ml/L(高浓度)、0.83 ml/L(较高浓度)、0.6 ml/L(中浓度)、0.375 ml/L(低浓度),每种浓度农药喷洒 24 株生菜叶片,喷洒时保证均匀、湿透,共 96 株,预留了 12 株生菜未喷洒农药以进行对比试验。高光谱采集时,通常存在许多高频随机噪声,会影响后续的光谱特征提取。故采用标准归一化(SNV)预处理方法,分别对每一道光谱数据进行预处理,可以对基线漂移和光散射起到明显的作用(Xu Lu,et al,2012)。原始光谱曲线如图 7.35 所示,经SNV 处理后的光谱曲线如图 7.36 所示。

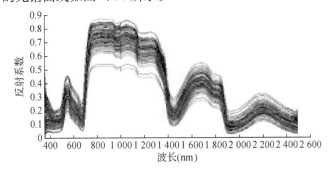

图 7.35　不同浓度农药残留的生菜叶片的原始光谱图

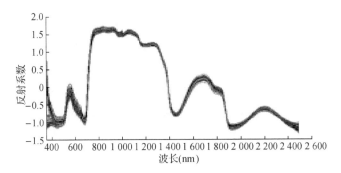

图 7.36　经 SNV 去噪后的不同浓度农药残留生菜叶片的光谱图

从图 7.36 中可以看出,在 500 nm 以下和 2 400 nm 以上存在明显的噪声,因此在后期的数据处理中,选取 500~2 400 nm 范围内的光谱数据进行分析。

7.10.2　生菜农药残留浓度水平的 SVM 建模分析

本次试验所用的生菜叶片样本一共有 108 个,按照针对生菜叶片样本所喷洒的农药浓度的高低,可以将所有样本分为 5 类,喷洒农药 1.25 ml/L(高浓度)、0.83 ml/L(较高浓度)、0.6 ml/L(中浓度)、0.375 ml/L(低浓度)的生菜叶片样本各 24 个,未喷洒农药的样本为剩下的 12 个生菜样本,在 Matlab 平台下进行试验仿真。

在有农药的 4 类样本集中,分别从每类中挑出 18 个作为训练样本,剩下 6 个作为测试样本,在无农药的样本集合中,挑出 8 个作为训练样本,4 个作为测试样本。因此,总的训练样本有 80 个,测试样本有 28 个,然后进行建模试验。此次试验主要是为了 4 种特征提取算法的优缺点,并从中挑选出一种最适合于对生菜农药残留无损检测的算法。分别运行 PCA-SVM、LDA-SVM、LPP-SVM、SLPP-SVM 4 种算法,为了区分 4 种特征提取算法的优劣,本章节中将 SVM 的核函数统一设为多项式内核函数,其他参数均为默认值。4 个算法的分类结果分别如图 7.37~图 7.40 所示。

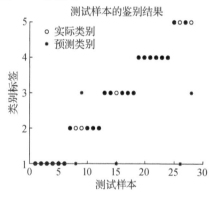

图 7.37　PCA-SVM 分类结果图

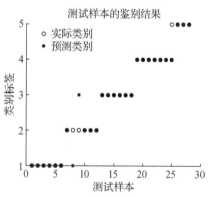

图 7.38　LDA-SVM 分类结果图

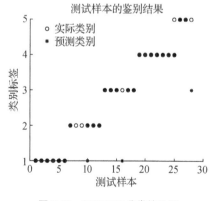

图 7.39　LPP-SVM 分类结果图

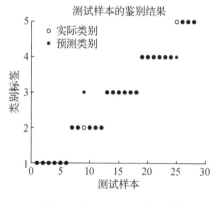

图 7.40　SLPP-SVM 分类结果图

从以上 4 幅分类结果图可以发现,PCA-SVM 的分类正确率为 82.14%,LDA-SVM 的分类正确率为 89.29%,LPP-SVM 的分类正确率为 85.71%,SLPP-SVM 的分类正确率达到了 92.86%。这是由于有监督特征提取算法 LDA 和 SLPP 算法充分利用了数据的类别信息,使降维后的数据对分类器更加敏感,从而分类效果更加明显。

为了更加有力地证明本章节的观点,将训练集样本数从 80 个减少到 56 个(每次减少 4 个),测试集样本数对应的从 28 个增加到 52 个,4 种算法的分类正确率变化曲线如图 7.41 所示。

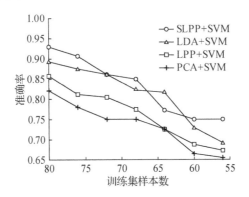

图 7.41　4 种算法在不同训练样本集下的分类准确率

从图 7.41 可以看出,随着训练样本个数的不断减少,PCA-SVM、LDA-SVM、LPP-SVM 和 SLPP-SVM 的分类准确率都在不断下降,但是有监督特征提取算法 SLPP-SVM 和 LDA-SVM 两条曲线始终位于非监督特征提取算法 PCA-SVM 和 LPP-SVM 曲线的上方,即在解决分类问题时,有监督特征提取算法优于非监督特征提取算法。通过比较 SLPP-SVM 和 LDA-SVM 可以发现,只有当训练样本个数在 64 的时候,LDA-SVM 的分类正确率超过了 SLPP-SVM,其余时刻 SLPP-SVM 的分类准确率始终高于 LDA-SVM,说明在本次试验中,SLPP 较 LDA 而言,更适用于对高光谱数据进行特征提取。这是因为 SLPP 能克服传统线性方法(LDA)难以保持非线性流形的缺点,因此利用 SLPP 进行特征提取,然后利用 SVM 进行分类建模能更好地鉴别生菜叶片中农药残留的浓度,这为农作物的农药残留无损检测提供了一种较为合适的方法。

7.10.3　本节小结

本章节中利用高光谱技术获得含有不同农药残留的生菜叶片样本的高光谱数据,采用标准归一化(SNV)对高光谱数据进行预处理,通过观察预处理后的曲线,剔除明显噪声波段,然后分别运用 PCA、LDA、LPP、SLPP 4 种特征提取算法对数据进行处理,最后运用支持向量机(SVM)对处理后的数据进行建模。结果表明,在解决分类问题上,与非监督 PCA 和 LPP 特征提取算法相比,监督特征提取算法 SLPP 和 LDA 具有明显的优势。SLPP 能克服传统线性方法难以保持非线性流形的缺点,因此 SLPP-SVM 能达到较高的分类准确率。SLPP-SVM 可以用来作为生菜叶片农药残留无损检测的建模算法,其也为农业工程中关于农作物信息无损检测问题提供了一种新的有效解决途径。

7.11　基于融合小波的高光谱生菜农药残留梯度鉴别研究

7.11.1　光谱预处理

在莲座期喷洒农药,农药选用农民常用的乐果(李颉等,2012)(40%乐果乳油由江苏腾龙生物药业有限公司生产),将长势形状相近的生菜随机分为 4 组(1、2、3、4 组),每组有 40 个叶片样本,共计 160 个样本。1、2、3、4 组分别喷洒丙酮及 1∶1 000、1∶500、1∶100 浓度的乐果农药(其中国家标准推荐农药乐果浓度配比为 1∶1 000)。历时 24 小时,采摘完叶片后依次编号并装入贴有标签的塑料袋密封保存,并立即送往实验室进行高光谱图像采集。

采集得到的 900~1 700 nm 范围原始光谱曲线如图 7.42 所示。图 7.43 为生菜叶片样本在 4 类不同农药残留梯度下的平均光谱曲线。可以看出,随着乐果农药浓度的升高,生菜叶片平均光谱反射率值在缓慢降低。总体来看,4 个不同农药残留梯度下的生菜叶片光谱反射率曲线具有一定的可分性。此外,在 1 300 nm 处,随着乐果农药浓度的提高光谱峰值明显提高,这与乐果农药在此处有一特征峰相一致。

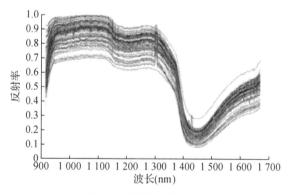

图 7.42　原始光谱曲线图

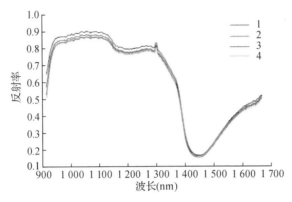

图 7.43　4 类农药残留的生菜叶片平均光谱

1) 小波阈值预处理

采用半软阈值方法作为去噪函数,运用最小极大方差阈值选择(Minimaxi)对小波系数进行处理,选择 db4、db6、sym5 作为小波基函数的小波阈值预处理方法,对光谱进行平滑去噪。在选择小波最佳分解层数时,通过设定最小分解层 2,最大分解层 7,步长为 1,对不同分解层的小波阈值预处理后数据采用依据连续投影法(successive projections algorithm,SPA)进行特征提取以及支持向量机(SVM,选择 RBF 核函数作为 SVM 核函数)(SPA+SVM)进行分类建模。选取小波基函数为 db4、db6、sym5 时,SPA+SVM 最优预测率对应的最佳分解层分别为 2、3、3,其预处理后光谱如图 7.44 所示。

2) 小波分段预处理

采用小波分段算法对光谱数据进行预处理,将原始光谱分成 n 段(本章节中 n 取 4),选取的小波基函数有 db4、db6、sym5 函数。在选择每段小波最佳分解层数时,通过设定最小分解层 2,最大分解层 7,步长为 1,对不同分解层的小波阈值预处理后数据通过 SPA+SVM 进行分类建模。选取 db4、db6、sym5 函数为小波基函数时,每段 SPA+SVM 最优预测率对应的最佳分解层数分别为 4、3、2、3,3、4、2、4、5、3、2、4,预处理光谱如图 7.45 所示。

通过 WB-WT 与 WB-PWT 对训练集样本剔除数据详细分布如下:采用 WB-WT 算法处理训练集光谱数据时,设定的 WD 初始值为 3.5,BD 初始值为 0.7,采用 db4、db6、sym5 为小波基函数处理时,通过 WD 距离界定,剔除数据总数分别为 10、8、4;通过 BD 距离界定,剔除数据总数分别为 2、3、1。

采用 WB-PWT 算法处理训练集光谱数据时,设定的 WD 初始值为 3.5,BD 初始值为 0.7,采用 db4、db6、sym5 为小波基函数处理时,通过 WD 距离界定,剔除数据总数分别为 8、7、8;通过 BD 距离界定,剔除数据总数分别为 3、1、2。

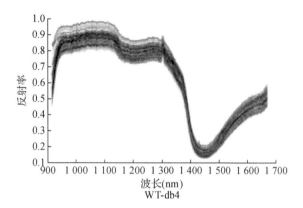

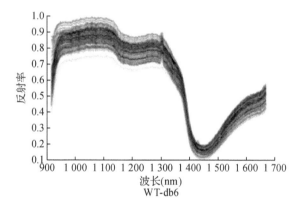

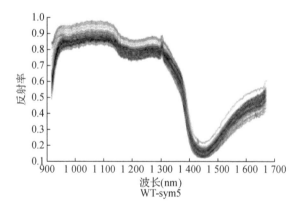

图 7.44　小波阈值预处理后光谱

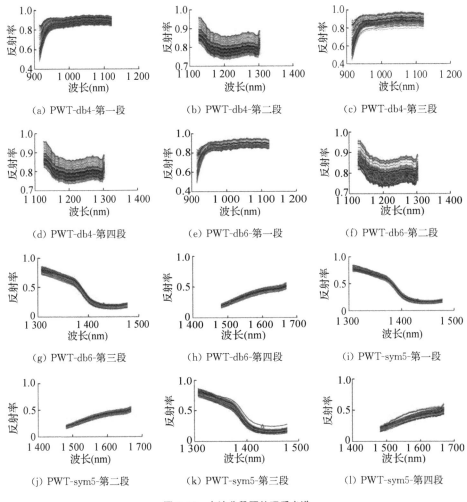

图 7.45　小波分段预处理后光谱

7.11.2　特征提取

本章节特征波长的提取是通过连续投影算法(Successive projections algorithm, SPA)计算特征波长组下的均方根误差(root mean square error, RMSE),然后根据验证均方根误差值来判定特征波长。在特征波长提取的过程中,设定所提取波长个数的最大值为20,符合验证均方根误差相对较低和波长个数相对较少的要求,其相关参数如表7.13所示。其中,小波阈值算法、小波分段算法进行 SPA 对光谱数据进行特征提取时,以 db4、db6、sym5 函数为小波基函数,经小波阈值算法预处理后,SPA 提取特征波长数分别为 10、10、10,对应的 RMSE 值为 0.453 26、0.477 57、0.393 72;以 db4、db6、sym5 函数为小波基函数,经小波分段算法预处理后,SPA 提取特征波长数分别为 12、11、14,对应的 RMSE 值为 0.437 15、0.468 51、0.393 73。SPA 提取的特征波长分布,与农药乐果在 950 nm、1 000 nm、1 250 nm、1 300 nm、1 500 nm 以及 1 600 nm 处有特征峰一致。

表 7.13　SPA 特征提取结果

预处理方法	小波基函数	SPA 提取特征波长数	均方根误差	SPA 提取特征波长(nm)
小波阈值	db4	10	0.453 26	956.56、1 012.17、1 057.63、1 278.68、1 300.90、1 420.38、1 429.86、1 506.92、1 513.47、1 665.88
	db6	10	0.477 57	1 065.02、1 111.96、1 288.22、1 300.90、1 307.22、1 410.92、1 420.38、1 506.92、1 665.88、1 688.24
	sym5	10	0.393 72	940.11、1 065.02、1 207.45、1 304.06、1 326.14、1 348.13、1 429.86、1 448.90、1 506.92、1 633.16
分段小波	db4	12	0.437 15	923.40、960.63、984.73、1 042.68、1 061.33、1 170.72、1 265.91、1 300.90、1 414.07、1 468.07、1 543.28、1 658.53
	db6	11	0.468 51	944.25、988.70、1 163.94、1 265.91、1 426.69、1 429.86、1 468.07、1 487.40、1 523.34、1 647.59、1 658.53
	sym5	14	0.393 73	914.95、944.25、976.76、1 126.03、1 256.28、1 272.30、1 294.57、1 304.06、1 332.42、1 407.77、1 452.08、1 474.49、1 566.88、1 651.22

7.11.3　生菜农药残留浓度水平的 SVM 建模分析

本章节选择稳定性和准确性均较好的 RBF 核函数作为 SVM 核函数,对残留农药乐果不同浓度的生菜样本(其中包含了 4 类样本,即残留丙酮溶液的生菜样本以及 3 类残留配置丙酮与乐果农药比为 1∶1 000、1∶500、1∶100 的生菜样本)做 SVM 分类建模。特征全光谱、WT、PWT、WB-WT 以及 WB-PWT 在预处理后,通过 SPA+SVM 建模分类结果以及相关处理后训练集和预测集总数如表 7.14 所示。WB-WT 与全光谱、WT 对比,通过 SPA+SVM 进行分类建模能得到较高的预测准确率,其中以 db4、db6、sym5 函数为小波基函数时,预测准确率分别为75.00%、84.38%、87.50%。WB-PWT 与 PWT 相比,其通过 SPA+SVM 进行分类建模预测准确率显著提高,其中以 db4、db6、sym5 函数为小波基函数时,预测准确率分别为 84.38%、90.63%、93.75%。可见合理的小波基函数的选择、预处理方法的使用能有效提高分类建模预测准确率。

综合比较 4 种预处理算法,可以发现 WT 和 PWT 预处理算法融合 WD 算法后,光谱信息预处理能力得到较大的提高,这是由于 WD 距离法能有效界定剔除样本,从而使得分类模型预测准确率得到提升。4 种预处理算法中,WB-PWT 对应的分类建模预测效果最优,其中以 sym5 为小波基时分类建模预测准确率最佳,最适合于生菜叶片农药残留高光谱检测。

表 7.14　不同的预处理方法及其分类建模结果

预处理方法	小波基函数	剔除异样品总数	样本数		准确率	
			训练集	预测集	训练集(%)	预测集(%)
全光谱	无	无	128	32	46.09	45.45
WT	db4	无	128	32	64.06	57.58
	db6	无	128	32	78.13	62.50
	sym5	无	128	32	85.94	69.70
WB-WT	db4	12	116	32	86.20	75.00
	db6	11	117	32	94.02	84.38
	sym5	5	123	32	97.56	87.50
PWT	db4	无	128	32	63.28	72.73
	db6	无	128	32	93.75	87.88
	sym5	无	128	32	100	90.63
WB-PWT	db4	11	117	32	89.74	84.38
	db6	8	120	32	97.50	90.63
	sym5	10	118	32	100	93.75

7.11.4　本节小结

本章节将 WB 距离法引入 WT、PWT 预处理算法中,提出了 WB-WT 和 WB-PWT 两种融合小波预处理算法,并利用 WT、PWT、WB-WT 和 WB-PWT 算法对 4 个梯度的生菜农药残留高光谱数据进行预处理,通过 SPA 进行特征提取,并建立支持向量机分类模型。结果表明,从预测准确率上来看,WB-WT 和 WB-PWT 算法较传统的 WT 和 PWT 有了较大的提高。从小波基函数选取上看,选取 sym5 作为小波基函数能够得到较佳的预处理效果。综上所述,以 sym5 为小波基函数的 WB-PWT 预处理算法较其他预处理方法有较大的优势,因此以 sym5 为小波基函数的 WB-PWT 预处理算法可用来作为生菜农药残留高光谱检测预处理算法。

7.12　基于分段离散小波变换及高光谱的生菜叶片农药残留梯度鉴别

7.12.1　光谱预处理

试验类别包含 4 类不同配比乐果农药(1∶100、1∶500、1∶1 000、1∶1 400)残留的生菜。由于存在安全间隔期,为此喷洒农药 5 天后,采摘生菜相同叶位叶片后依次编号并装入贴有标签的塑料袋密封保存,并放置于专业的植物保鲜箱。随后将生菜样本送往实验室进行高光谱图像采集。

在采集生菜样本高光谱图像之前,需测试标准反射板和黑背景以减少误差。采集生菜近红外高光谱数据波段范围为 $870\sim1\,800$ nm(间隔为 ±4.42 nm,FWHM),包含了 256 个光谱波段。本试验统一选取叶片 125 像素×125 像素区域(避开生菜主茎干)作为 ROI,然后求取该区域光谱平均值作为该生菜样本的光谱值。160 个生菜样本的 ROI 区域近红外光谱图如图 7.46 所示。

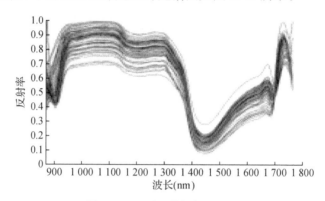

图 7.46　160 个生菜样本原始光谱

7.12.2　特征提取

1)离散小波特征提取

采用离散小波变换对生菜样本进行特征提取,即 N 取值为 1。特征提取波段如图 7.47 所示。其中,奇异值特征差最大对应的最佳分解层为 5,依据高频细节矩阵 $[X, cD_5]_N$ 奇异值提取的特征波段依次为 880.42 nm、1 027.53 nm、1 654.87 nm、1 726.56 nm。

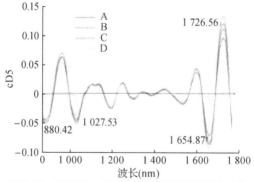

图 7.47　N 取值为 1 时小波变换提取得到的特征波长

注:A、B、C、D 分别代表生菜表面乐果残留量为 0.36 mg/kg、1.02 mg/kg、5.10 mg/kg、15.78 mg/kg。

2）分段离散小波特征提取

有机物在近红外谱区的吸收峰主要是含氢基团的各级倍频与合频的吸收峰，表 7.15 中列出部分常见基团的基频、倍频、合频吸收峰(Jerry Workman Jr,et al,2009)。从表 7.15 中,我们可以得到 870～1 800 nm 范围内常见基团的中心近似位置主要包括 950 nm、1 000 nm、1 150 nm、1 430 nm、1 515 nm、1 750 nm。

表 7.15　常见化学基团 C—H、N—H、O—H 倍频吸收峰中心近似位置

基团		nm		
		O—H	N—H	
基频	伸缩振动	3 300	2 940	2 740
	弯曲运动	6 900	6 250	7 700
合频		2 300	2 200	2 000
一级倍频		1 750	1 515	1 430
二级倍频		1 150	1 000	950

为了将常见基团主要中心近似位置有效分布在每段中,本试验采用分段离散小波变换对生菜样本进行特征提取,其中 N 取值为 2、3、4、5、6。依次对 N 段光谱矩阵进行小波变换七层分解,以 sym5 小波为小波基函数。其中,不同的分段 N 对应的每段最佳分解层、特征提取波段、契合度(FD)如表 7.16 所示。从表 7.16 中可以看出,当 N 取值为 4 时,FD 取得最大值为 75%,其特征提取波段如图 7.48 所示。奇异值特征差最大对应的最佳分解层依次为 6、5、2、2。依据高频细节矩阵奇异值提取的每段特征波段依次为 906.42 nm、1 304.06 nm、392.04 nm、718.79 nm。

表 7.16　不同 N 取值下分段离散小波变换提取得到的特征波长

算法	N 值	提取的波段数	契合度(FD)(%)	每段最佳分解层	提取的波段(nm)
分段离散小波	2	6	66.75	5、4	923.40、1 004.40、1 111.96、1 633.16、1 680.74、1 738.33
	3	4	50	5、7、4	1 043.67、1 344.99、1 684.48、1 722.67
	4	4	75	6、5、2、2	906.42、1 304.06、1 392.04、1 718.79
	5	5	50	7、6、6、6、4	1 068.70、1 180.83、1 490.64、1 726.56、1 758.25
	6	8	50	2、3、7、3、5、5	893.50、906.42、914.95、1 184.18、1 316.69、1 344.99、1 647.59、1 718.79

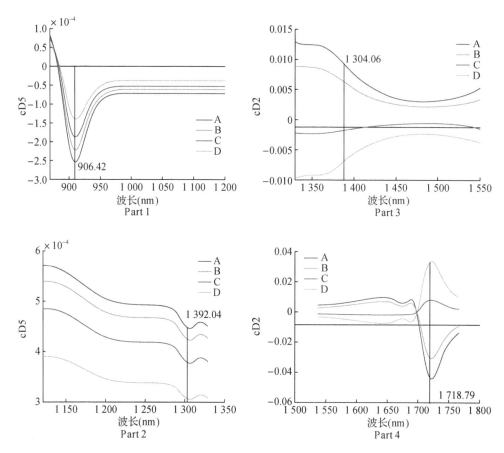

（注：A、B、C、D 分别代表生菜表面乐果残留量为 0.36 mg/kg、1.02 mg/kg、5.10 mg/kg、15.78 mg/kg。）

图 7.48　N 取值为 4 时小波变换提取得到的特征波长

7.12.3　生菜农药残留浓度水平 SVM 建模分析

本试验采用 RBF 核函数，使用交叉验证方法寻找最优的参数 c（惩罚因子）和参数 g（RBF 核函数中的方差），利用最优参数建立分类模型。SVM 分类器对依据选取的奇异值特征波段，提取近似值矩阵 $[X, cA_7]_N$ 中对应分解层的特征波长下漫反射率值进行分类。其中，样本总数为 160，采用随机挑选法选取 100 个样本作为校正集、28 个样本作为交叉验证集、剩余 32 个样本作为预测集。在 SVM 数据处理时，不同农药残留的生菜样本（重度超标、中度超标、轻微超标、低于国标）对应的类别标签为 1、2、3、4（而非化学检测喷洒 4 个农药浓度）。在对结合有机物近红外谱区倍频中心近似位置，分解层数 N 取值 1、2、3、4、5、6 时，得到契合度（FD）、校正集、交叉验证集和预测集合准确率如表 7.17 所示。由表 7.17 可知，契合度

(FD)能初步估计、反应分段离散小波变换提取特征波段的有效性。

PDWT＋SVM分类建模结果,能进一步表明分段离散小波变换提取特征波段的有效性。其中,分解层数N分别取值4时,其契合度FD最高为75%,校正集、交叉验证集与预测集准确率分别为95%、92.86%与90.63%。结合有机物近红外谱区倍频中心近似位置的分段离散小波变换特征提取方法,要优于离散小波变换特征提取。

表7.17 不同N取值下DWT＋SVM分类模型的结果

算法	N取值	契合度(FD)(%)	校正集准确率(%)	交叉验证集准确率(%)	预测集准确率(%)
DWT	1	50	65	53.57	46.88
	2	66.75	85	71.43	71.88
PDWT	3	50	57	53.57	50
	4	75	95	92.86	90.63
	5	50	60	57.14	56.25
	6	50	56	53.57	53.13

7.12.4 本节小结

本章节通过透射电镜观察不同农药残留浓度下生菜叶片内部微观结构变换,结果显示随着农药残留浓度的增加,生菜叶片内部嗜锇颗粒数量变多,而淀粉颗粒变少,细胞间隙逐渐变大。不同浓度农药残留的生菜叶片内部细胞的排列结构方式和组织结构存在差异,从而不同浓度农药残留下生菜叶片近红外光谱具有一定的差异性。此外,本章节提出了一种基于小波变换的不同生菜农药残留光谱特征提取算法,即分段离散小波变换(piece-wise discrete wavelet transform,PDWT)特征提取的方法。该方法利用离散小波变换特征提取算法,结合近红外光区主要含氢原子团(C—H、N—H、O—H)伸缩振动的倍频及组合频中心谱区。通过对光谱分段小波变换不同层次的分解,有效获取不同区域最佳特征波段。试验结果表明,PDWT结合FD参数评估,与离散小波变换特征提取(DWT)相比,对4类农药残留(重度超标、中度超标、轻微超标、低于国标)生菜样本光谱提取特征波段具有较高的可靠性。PDWT＋SVM算法,采用分段数为4时,可以作为一种快速、准确、无损的新方法用于生菜农药残留检测。

7.13　基于线性判别法的生菜农药残留定性检测

7.13.1　光谱预处理

在莲座期喷洒农药,选用农民常用的乐果(40%乐果乳油由南通江山晨乐化工股份有限公司生产),将长势形状相近的生菜随机分为4组(A、B、C、D组),每组有96个叶片样本,共计384个样本。A、B、C、D组分别喷洒丙酮及1∶1 000、1∶500、1∶100浓度的乐果农药。历时24小时,采摘完叶片后依次编号并装入贴有标签的塑料袋密封保存,并立即送往实验室进行高光谱图像采集。最后,利用化学定量试验对生菜进行农药残留检测,证实每组生菜农药残留的浓度与对应配制的农药浓度梯度相吻合。

本次试验统一在样本中心区域内选取大小为250×250的正方形区域作为ROI,如图7.49(a)所示。首先通过计算ROI内所有像素点的平均值,得到每个样本的原始光谱数据,图7.49(b)为不同浓度农药残留的生菜叶片原始光谱。然后采用标准归一化变换(李金梦等,2014)(standard normal variate,SNV)对光谱数据进行预处理,如图7.49(c)所示,SNV预处理在一定程度上消除基线漂移和光散

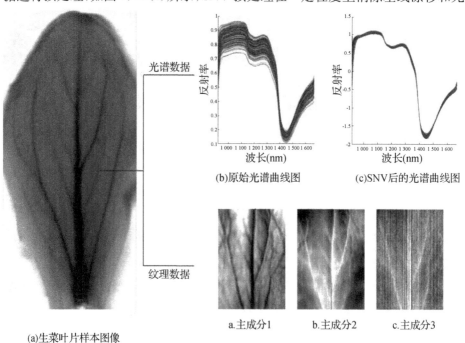

(a)生菜叶片样本图像

(b)原始光谱曲线图

(c)SNV后的光谱曲线图

a.主成分1　　b.主成分2　　c.主成分3

(d)前3幅主成分图像

图7.49　ROI选取与光谱纹理数据的提取示意图

射;通过主成分分析(Huang Lin et al,2013)(principal component analysis,PCA)对 ROI 内的图像进行特征图像提取,从图 7.49(d)中可以看出,图像清晰度随着主成分数的增加而降低,PC3 图像因噪声影响已经严重失真。

因此,本章节选取各样本的前 2 幅主成分图像作为特征图像。从 4 个角度(0°、45°、90°、135°)对 PC1 和 PC2 图像进行基于灰度共生矩阵的纹理特征(Songjing Wang,et al,2012)(对比度、相关性、能量、同质性)提取。

7.13.2 特征提取

1)连续投影算法

通过连续投影算法(successive projections algorithm,SPA)计算特征波长组下的均方根误差(root mean square error,RMSE)(见图 7.50),然后根据验证均方根误差值来判定特征波长。设定所提取波长个数的最大值为 20,当特征波长达到 11 个时,符合验证均方根误差相对较低和波长个数相对较少的要求,此时均方根误差为 0.491 15,这

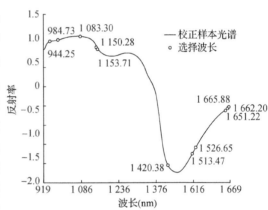

图 7.50 SPA 提取出的特征波长

11 个光谱特征波长分别为:944.25 nm、984.73 nm、1 083.30 nm、1 150.28 nm、1 153.71 nm、1 420.38 nm、1 513.47 nm、1 526.65 nm、1 651.22 nm、1 662.20 nm、1 665.88 nm。

2)主成分分析

通过主成分分析算法对原始光谱数据进行特征提取,从表 7.18 中可以看出,当主成分数取 3 时,累计贡献率就已经达到了 99%,但在实际应用中发现分类效果并不理想。因此,在降低数据冗余性的同时,尽可能地保留最大信息量,因此我们选取主成分数为 8,此时的累计贡献率为 99.992%。

表 7.18 不同主成分数下的累积贡献率

主成分	累计贡献率(%)	主成分	累计贡献率(%)
PC1	88.977	PC6	99.985
PC2	96.241	PC7	99.990
PC3	99.777	PC8	99.992
PC4	99.926	PC9	99.993
PC5	99.973	PC10	99.995

7.13.3　生菜农药残留浓度水平的线性判别建模分析

1）光谱建模

分别从每类中随机选取一半样本作为训练集（每类 48 个，共计 192 个），剩余的则作为测试集（每类 48 个，共计 192 个）。然后利用 K 最近邻（K-nearest neighbors，KNN）、马氏距离（mahalanobis distance，MD）和 Fisher 判别分析（fisher linear discriminate analysis，FLDA）三种线性判别分析方法对全光谱、特征波长下的光谱数据进行建模。

在 KNN 算法建模中，依据训练集和测试集的正确率选择最佳的参数 K 值（$K=1,2,\cdots,10$）。如图 7.51 所示，当 $K=2$ 时，基于 SPA 特征光谱的 KNN 模型取得较好的正确率，训练集和测试集正确率分别为 98.96% 和 83.33%。表 7.19 中记载的 KNN 的识别率为最佳 K 值下的模型正确率。基于全光谱的 Fisher 模型识别率优于其他分类器，训练集和测试集正确率分别为 92.7% 和 98.9%。与其他两个分类模型相比，Fisher 模型取得了较好的效果，特征波长选择算法降低了数据的维数，去除了冗余信息，但在一定程度上降低了数据的信息量。

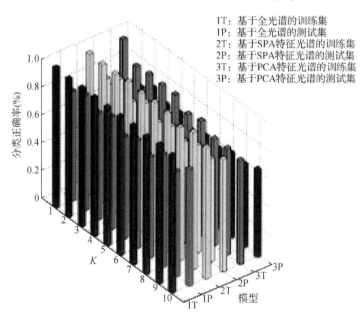

图 7.51　基于光谱数据的不同 K 值下的建模结果

表 7.19　基于全波长光谱、特征波长光谱的不同分类器建模结果

数　据	模　型	训练集正确率(%)	测试集正确率(%)
全光谱	KNN(K=10)	97.92	83.33
	Fisher 判别分析	92.7	98.9
	马氏距离判别	92.71	90.63
SPA 特征光谱	KNN(K=2)	98.96	83.33
	Fisher 判别分析	96.875	97.92
	马氏距离判别	87.5	84.38
PCA 特征光谱	KNN(K=2)	87.50	66.67
	Fisher 判别分析	100	96.88
	马氏距离判别	35.42	31.25

2）光谱纹理融合建模

为了提高分类效果,分别将全光谱、特征光谱数据与纹理数据进行融合,利用 K 最近邻(KNN)、马氏距离(MD)和 Fisher 判别分析(FLDA)方法对融合后的数据进行建模,分别建立全光谱数据与主成分图像纹理数据融合模型、SPA 特征光谱数据与主成分图像纹理数据融合模型,和 PCA 特征光谱数据与主成分图像纹理数据融合模型,结果如表 7.20 所示。针对 KNN 分类器,当 $K=4$ 时,基于全光谱和主成分图像纹理的 KNN 模型取得较好的正确率,训练集和测试集正确率分别为 97.92% 和 89.58%,如图 7.52 所示。但 Fisher 分类效果总体上优于其他两个分类器,其中基于 SPA 选取的特征波长下的 Fisher 模型的效果最佳,训练集和测试集识别正确率分别为 98.9% 和 100%。与表 7.19 比较可以看出,通过光谱与纹理信息融合之后,构建的模型正确率得到了提升,这是因为光谱与纹理信息的融合使得整体信息更加全面完整。同时也可以看出特征信息的筛选在一定程度上消除了部分冗余信息,提高了模型的预测能力。

表 7.20　基于信息融合的不同分类器建模结果

数　据	模　型	训练集正确率(%)	测试集正确率(%)
全光谱＋主成分图像纹理	KNN(K=4)	97.92	89.58
	Fisher 判别分析	92.7	98.9
	马氏距离判别	92.71	90.63
SPA 特征光谱＋主成分图像纹理	KNN(K=2)	94.79	86.46
	Fisher 判别分析	98.9	100
	马氏距离判别	87.5	84.38
PCA 特征光谱＋主成分图像纹理	KNN(K=2)	88.54	68.75
	Fisher 判别分析	62.5	61.46
	马氏距离判别	62.5	61.46

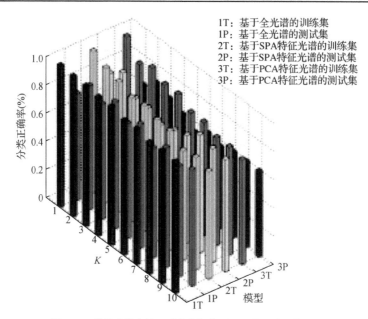

图 7.52　基于光谱和纹理融合数据的不同 K 值下的建模结果

7.13.4　本节小结

（1）利用高光谱图像系统采集生菜叶片图像，其次采用连续投影算法和主成分分析对光谱信息进行降维，采用主成分分析提取前两幅主成分图像，并提取主成分图像上的纹理信息。最后分别利用全光谱、特征光谱数据、纹理数据、融合数据来建立生菜叶片残留农药检测模型。

（2）与全光谱模型相比，特征波长下的模型具有一定优势，既提高了模型的鉴别速度，但也存在信息量不足的缺点。其中特征选择算法 SPA 能快速有效地选取最佳特征波长。

（3）与光谱特征相比较，整个模型性能通过信息融合有所提高，说明信息融合是提高测模型性能的方法之一。

（4）在线性分类器中，Fisher 判别分析总体上优于其他两种分类器，特别是在基于 SPA 光谱信息和纹理信息下的 Fisher 模型测试集正确率达到 100%。

综上所述，特征提取和信息融合可以用于提高农药残留检测模型性能，同时基于 SPA 光谱信息和纹理信息下的 Fisher 模型可以用于生菜叶片残留农药的检测，这也为农作物在线无损检测提供了一种新的方法。

7.14　基于荧光光谱的生菜农药残留检测

试验品种为抗寒奶油生菜,采用珍珠岩袋培方式进行生菜样本培育。栽培地点在江苏大学现代农业装备与技术省部共建重点 Venlo 型温室中进行。将长势形状相近的生菜分为 3 组(A、B、C 组),每组选取 60 株生菜样本,共计 180 个样本,采用营养液自动浇灌系统进行标准营养浇灌,在莲座期喷洒农药。

试验类别包含 3 类不同浓度配比农药(1∶500、1∶1 000、1∶1 200)残留的生菜样本,其中经过化学检测(参照国标 GB/T 20769—2008)喷洒 3 个农药(乐果,40%乳油)浓度依次为 12.77 mg/L(重度超标)、2.55 mg/L(轻度超标)、1.28 mg/L(标准)(相关研究表明荧光光谱检测农药乐果检测限为 67 ng/L)。历时 24 小时,采摘生菜相同叶位叶片后依次编号并装入贴有标签的塑料袋密封保存。随后将生菜样本送往实验室进行荧光光谱采集。

荧光光谱采集实验仪器为荧光分光光度计(Cary Eclipse,美国瓦里安技术中国有限公司),仪器采用闪烁式氙灯作为荧光的激发光源。通过调整仪器叶片夹持装置的测量条件,来获取最佳的荧光光谱信息。此外,相关的荧光分光光度计检测参数设定为:激发波长为 245 nm,发射波长范围为 300~510 nm(间隔为±1.07 nm,FWHM),激发和发射狭缝为 5 nm,扫描速度置为 medium,电压设为 600 V。其中,对生菜样本选定区域进行 5 次荧光发射光谱扫描,以 5 次平均荧光强度绘制荧光发射光谱。

7.14.1　光谱预处理

对试验采摘 180 片生菜相同叶位叶片,以中心波长为 245 nm 的紫外光激发,在 300~510 nm 范围内扫描得到了的生菜样品的荧光光谱。从图 7.53 中可以看出,生菜样品荧光峰值包括了371.07 nm、424 nm、440 nm、460 nm、486.96 nm。同时,在图中可以看出,生菜样品荧光光谱包含了明显的噪声。

生菜样品原始光谱经 SG、SNV、SNV detrending、SG-SNV、SG-SNV detrending 处理后的光谱曲线如图 7.54 所示。

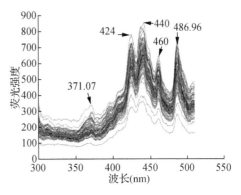

图 7.53　生菜样品荧光光谱

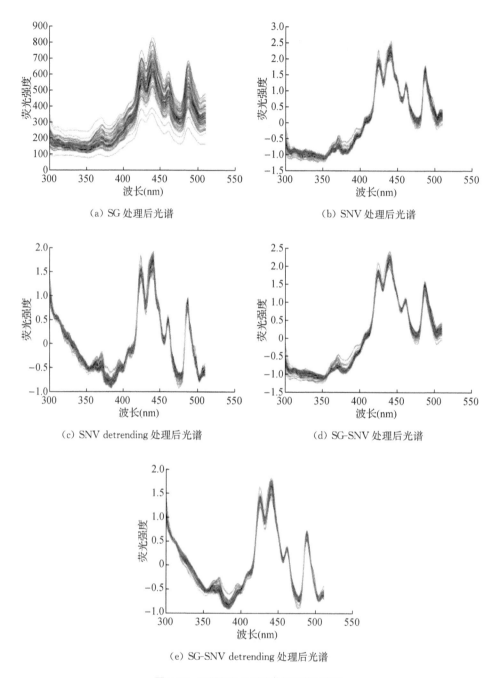

（a）SG 处理后光谱　　　　　　　　　　（b）SNV 处理后光谱

（c）SNV detrending 处理后光谱　　　　　（d）SG-SNV 处理后光谱

（e）SG-SNV detrending 处理后光谱

图 7.54　不同预处理后生菜样品荧光光谱

　　从图 7.54 中可以看出,SG 能有效消除光谱中噪声毛刺,SNV 能有效实现光谱数据的标准正态化,SNV detrending 能有效实现光谱数据的标准正态化以及去除光谱趋势,SG-SNV 能有效平滑光谱和实现光谱数据的标准正态化,SG-SNV detrending 能有效平滑光谱、去除光谱趋势和实现光谱数据标准正态化。

7.14.2 特征提取

本章节采用小波变换对原始荧光光谱以及 5 种预处理方法处理后的光谱进行特征波长选择。对光谱数据进行小波变换十层分解,分别选取 db4、db6、sym5、sym7 作为小波基函数。通过奇异值分析得到最佳的小波变换分解层以及特征波长。其中,小波变换选取得到的最佳分解层、特征波长数、特征波长如表 7.21 所示。

表 7.21 小波变换选取的特征波长

光 谱	小波基函数	最佳分解层	特征波长数	特征波长(nm)
Raw spectra	db4	4	5	367.07、380、411.06、451.06、461.06
	db6	5	4	352、416.96、438.93、495.97
	sym5	5	5	348、411.06、441.06、471.94、491.04
	sym7	4	7	368、381.07、411.96、421.07、429.07、451.96、461.96
SG	db4	4	6	367.07、380、398.93、411.06、451.06、460
	db6	5	6	332、353.07、372、416.06、438.93、495.07
	sym5	5	5	348、411.06、441.06、472.98、491.94
	sym7	4	7	369.07、381.07、411.96、421.07、429.07、451.96、461.96
SNV	db4	3	4	423.07、438.03、446.06、453.93
	db6	5	4	352、380、440、443.93
	sym5	4	6	429.07、453.03、461.96、485、495.97、500
	sym7	3	6	332、376、401.07、446.06、475.07、480
SNV detrending	db4	4	6	354、420、450、460、463.93、475.07
	db6	5	6	320、352、384、416.06、443.93、468.03
	sym5	4	6	429.07、453.03、461.96、486.06、495.97、500
	sym7	3	7	332、376、380、402、446.96、475.07、501.06
SG-SNV	db4	4	3	380、433.93、460
	db6	4	5	352、416.06、438.03、441.96、446.06
	sym5	4	6	453.03、461.96、485、497.01、498.95、500
	sym7	4	7	301.07、382、429.07、461.96、486.06、498.95、508.93
SG-SNV detrending	db4	3	3	423.07、438.03、445
	db6	5	7	320、351.07、381.07、416.06、438.93、443.93、468.03
	sym5	4	5	429.07、453.03、485、497.01、500
	sym7	2	8	309.07、326、349.07、369.07、418.03、443.03、474.02、486.06

7.14.3 生菜农药残留浓度水平的 SVM 建模分析

1) 全光谱建模

采用蒙特卡洛交叉验证算法(MCCV)(Jun Sun et al,2016)对 180 个样本进行建模样本挑选,从 3 类不同浓度乐果残留的生菜叶片样本中随机挑选出 40 个样本,总计 120 个作为训练集,剩余 60 个样本作为预测集,并设置循环次数为 1 000 次(其中,在 1 000 次循环中设置,当训练集和预测集准确率趋于稳定,变化小于 2%时,退出循环),对原始荧光光谱以及 5 种预处理方法处理后的光谱得到的 SVM 建模分析的平均分类结果如表 7.22 所示。

表 7.22　基于全波段光谱的 SVM 分类结果

光　谱	训练集		预测集		时间
	识别数	识别率(%)	识别数	识别率(%)	建模时间
Raw spectra	110/120	91.67	34/60	56.67	70.06
SG	118/120	98.33	36/60	60	72.69
SNV	118/120	98.33	32/60	53.33	72.52
SNV detrending	116/120	96.67	28/60	46.67	71.73
SG-SNV	104/120	86.67	34/60	56.67	71.14
SG-SNV detrending	120/120	100	38/60	63.33	71.78

由表 7.22 可知,与其他(SG、SNV、SNV detrending、SG-SNV)预处理后全光谱数据建立的 SVM 分类模型相比较,SG-SNV detrending 预处理后全光谱数据建立的 SVM 分类效果最佳,训练集和预测集的识别准确率均最高。从整体上来看,由于存在较多的冗余信息,基于原光谱以及 5 种预处理后全光谱建立的 SVM 分类模型的预测集识别率均低于 70%,且建模时间均高于 70 s,耗时较长。为此,需要在光谱的预处理基础上进行合适的特征波长选择,来提高预测集的准确率以及减少建模时间。

2) 荧光特征峰值建模

结合图 7.52 和图 7.53 可以看出,光谱预处理前后生菜样品的荧光光谱峰值未发生改变。为此,本章节在对生菜荧光光谱信息处理时,在原始光谱、预处理(SG、SNV、SNV detrending、SG-SNV、SG-SNV detrending)后光谱的基础上选定生菜样品荧光光谱峰值(波长为 371.07 nm、424 nm、440 nm、460 nm、486.96 nm)作为特征波长,并做进一步 SVM 分类建模,如表 7.23 所示。

表 7.23　基于荧光特征峰值的 SVM 分类结果

光　谱	训练集		预测集		时　间
	识别数	识别率（%）	识别数	识别率（%）	建模时间
Raw spectra	110/120	91.67	32/60	53.33	23.48
SG	104/120	86.67	34/60	56.67	25.08
SNV	106/120	88.33	32/60	53.33	24.58
SNV detrending	108/120	90	36/60	60	25.08
SG-SNV	100/120	83.33	40/60	66.67	24.77
SG-SNV detrending	114/120	95	42/60	70	24.42

　　由表 7.22、表 7.23 可知,基于荧光特征峰值的 SVM 分类结果与全波段的 SVM 分类结果相比较,基于荧光特征峰值的 SVM 分类模型的建模时间有了显著的降低。与其他(SG、SNV、SNV detrending、SG-SNV)预处理后光谱荧光特征峰值建立的 SVM 分类模型相比较,SG-SNV detrending 算法处理后光谱荧光特征峰值建立的 SVM 模型,其预测集识别率达到了 70%,与全光谱相比较有了明显的提高。然而,从整体来看,由于试验对象为同一种农药,不同浓度残留下的生菜,选取荧光特征峰值作为特征波长,其取得的 SVM 分类预测集识别率均低于 75%。

　　3）小波特征建模

　　对原始荧光光谱以及 5 种预处理方法处理后的光谱进行小波变换特征波长选择,并基于小波选择的特征波长进行 SVM 建模分析的结果如表 7.24 所示。

表 7.24　基于小波特征波长的 SVM 分类结果

小波基函数	光　谱	训练集		预测集		时　间
		识别数	识别率（%）	识别数	识别率（%）	建模时间(s)
db4	Raw spectra	110/120	91.67	38/60	63.33	32.23
	SG	112/120	93.33	40/60	66.67	23.76
	SNV	108/120	90	38/60	63.33	33.26
	SNV detrending	120/120	100	42/60	70	26.92
	SG-SNV	110/120	91.67	40/60	66.67	24.59
	SG-SNV detrending	116/120	96.67	44/60	73.33	24.52
db6	Raw spectra	120/120	100	36/60	60	31.60
	SG	116/120	96.67	32/60	53.33	23.97
	SNV	118/120	98.33	38/60	63.33	32.49
	SNV detrending	114/120	95	30/60	50	26.22
	SG-SNV	92/120	76.67	38/60	63.33	25.08
	SG-SNV detrending	118/120	98.33	46/60	76.67	26.66

续表 7.24

小波基函数	光 谱	训练集		预测集		时 间
		识别数	识别率(%)	识别数	识别率(%)	建模时间(s)
sym5	Raw spectra	120/120	100	44/60	73.33	33.22
	SG	120/120	100	46/60	76.67	25.44
	SNV	104/120	86.67	42/60	70	35.16
	SNV detrending	114/120	95	54/60	90	25.39
	SG-SNV	108/120	90	48/60	80	26.08
	SG-SNV detrending	118/120	98.33	56/60	93.33	25.07
sym7	Raw spectra	116/120	96.67	30/60	50	33.38
	SG	90/120	75	32/60	53.33	23.76
	SNV	106/120	88.33	36/60	60	33.62
	SNV detrending	104/120	86.67	38/60	63.33	24.85
	SG-SNV	96/120	80	40/60	66.67	25.14
	SG-SNV detrending	120/120	100	48/60	80	26.03

由表 7.24 可知,由于小波变换较强的信号局部分析能力以及多分辨率的特性,选取 sym5 作为小波基函数,建立的 SVM 分类模型取得较佳的训练集和预测集的识别率。其中,以 SG-SNV detrending 预处理后光谱结合以 sym5 为小波基函数选取的特征数据建立的 SVM 分类模型,取得了最佳的预测集识别率为93.33%。

7.14.4 本节小结

采用荧光光谱技术鉴别生菜农药残留,分别采用 SG、SNV、SNV detrending、SG-SNV、SG-SNV detrending 对原始荧光光谱进行预处理,同时分别基于全波段光谱、荧光特征峰值光谱、小波特征光谱建立 SVM 分类模型。其中,分别以 db4、db6、sym5、sym7 作为小波基函数,进行小波变换选择特征波长。基于小波特征光谱建立的 SVM 分类模型,要优于荧光特征峰值特征、全光谱建立的 SVM 分类模型。此外,预处理方法 SG-SNV detrending 处理后光谱建立的 SVM 分类模型,要优于 SG、SNV、SNV detrending、SG-SNV 以及原始光谱建立的 SVM 模型。采用预处理方法 SG-SNV detrending 结合以 sym5 为小波基函数的小波变换特征选择算法得到的 SVM 分类模型,得到了最佳的预测集识别率93.33%。此模型为生菜农药残留分类提供了新思路,具有实用价值。

7.15 基于高光谱图像的生菜叶片水分检测

在保证营养元素均衡的情况下,对水分进行精确控制,以获取纯正的不同水分胁迫水平的样本。栽培试验选用 4 个不同水分处理,每个水平 12 株,4 个水平依次为:第 1 组(W1)在整个生长期都保证充足的水分供应;第 2(W2)、第 3(W3)和第 4(W4)组灌溉水量依次梯度减少,以满足培育不同含水样本的要求。采用日本山崎配方配制营养液进行样本的培育,用蒸馏水进行营养液的配制,以避免不同水质及水中所含的微量元素对样本培育产生的不利影响。采用珍珠岩袋培方式进行样本培育,并利用营养液自动灌溉系统进行营养液灌溉。

7.15.1 图像特征提取

本研究采用中值滤波法进行图像滤波,如图 7.55(a)为某生菜叶片图像经过滤波处理后的图像。采用二维最大熵算法(张新明等,2011)进行图像二值化处理,处理后的图像如图 7.55(b)所示。为了分割出叶片区域,将图像灰度反转并形态学膨胀处理,处理后图像如图 7.55(c)和(d)所示。将图 7.55(a)与(d)逐像点进行相乘,得到的生菜叶片分割图如图 7.55(e)所示。然后对分割图进一步进行纹理提取二值化,如图 7.55(f)所示。

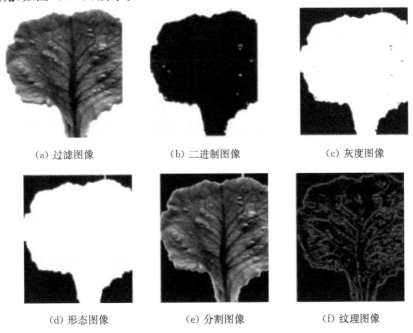

(a) 过滤图像   (b) 二进制图像   (c) 灰度图像

(d) 形态图像   (e) 分割图像   (f) 纹理图像

图 7.55 生菜叶片处理系列图

生菜的叶片多、叶面积大,以发棵期生菜叶片图像水分特征值求取为例,通过处理高光谱图像得到的特征波段为 960 nm、1 202 nm、1 400 nm 和 1 680 nm,因此处理这些特征波段下的生菜叶片图像,提取生菜叶片以下高光谱图像特征。

图像均值特征包括高光谱波段 960 nm、1 202 nm、1 400 nm 和 1 680 nm 的叶片区域图像灰度均值。灰度分量均值以 AG_{960}、$AG_{1\,202}$、$AG_{1\,400}$ 和 $AG_{1\,680}$ 表示,各名称下标代表高光谱图像的中心波长。

图像融合特征包括各波段之间灰度像素级比值 $AF_{960/1\,202}$、$AF_{1\,202/1\,400}$、$AF_{1\,400/1\,680}$,例如 $AF_{960/1\,202} = AG_{960}/AG_{1\,202}$。

图像纹理(Vein)特征:针对特征波段的叶子茎脉纹理图像[如图 7.54(f)],将所有纹理特征点的像素数进行求和并除以叶子的总面积,得到纹理占叶子的比值。如发棵期生菜叶片水分特征图像的纹理特征有 AV_{960}、$AV_{1\,202}$、$AV_{1\,400}$、$AV_{1\,680}$。

将生菜叶片的高光谱图像特征与叶片的水分含量进行了相关性分析,筛选出相关性较高的特征作为生菜叶片高光谱图像特征,得到生菜发棵期的特征为:AG_{960}、$AG_{1\,202}$、$AG_{1\,400}$、$AG_{1\,680}$、$AV_{1\,400}$、$AV_{1\,680}$ 及 $AF_{960/1\,202}$ 7 个特征。

7.15.2　生菜水分含量 MLR 建模分析

利用 SPSS 统计软件,处理原始数据求得 MLR 回归方程为:

$$Y = 1\,099.718\,7X_1 + 259.668\,5X_2 + 9\,283.582\,6X_3 - 8\,727.975\,4X_4 +$$
$$23\,601.97X_5 - 891.854\,1X_6 + 631.860\,6X_7 - 1\,382.015\,8$$

式中:$X_1 \sim X_7$ 为 7 个特征值;Y 为生菜叶片含水率预测值。

7.15.3　生菜水分含量 BP 神经网络建模分析

由于发棵期生菜叶片水分的特征为 7 个,故设置网络的输入层结点数为 7,隐含层结点数为 7,输出层结点数为 1。误差指数设置为 0.001,训练步长为 0.02,动量因子为 0.95,训练次数为 5 000。

实际训练次数为 2 903 时,达到指定误差 0.001,训练结束。训练误差收敛曲线如图 7.56 所示。

7.15.4　生菜水分含量 PLS-ANN 建模分析

建模试验中,利用 PLS 回归算法提取出成分数为 5,贡献率为 0.85,将这 5 个成分作为 BP 神经网络的输入,故 BP 网络结构设置为:输入层结点数为 5,隐含层结点数为 7,输出层结点数为 1,误差指数 0.001,训练步长 0.02,动量因子 0.95,训练次数 5 000。实际训练次数为 2 030 时就达到训练误差要求。训练误差收敛曲线如图 7.57 所示。

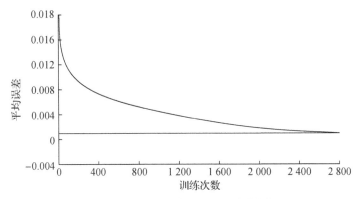

图 7.56 BP-ANN 模型训练误差收敛曲线

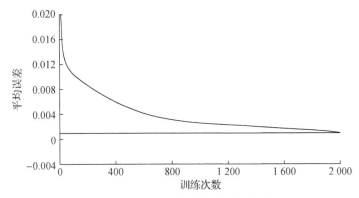

图 7.57 PLS-ANN 模型训练误差收敛曲线

利用与建模样本同期采集的检验样本,分别对三种算法模型进行预测检验。表 7.25 为发棵期生菜叶片水分的三种算法模型的试验数据及预测结果。

表 7.25 发棵期生菜水分试验数据及预测结果

样本编号	实测值（%）	传统多元回归模型		BP-ANN 模型		PLS-ANN 模型	
		预测值(%)	相对误差(%)	预测值(%)	相对误差(%)	预测值(%)	相对误差(%)
1	1 069. 848 9	1 245. 147 2	16. 385 3	1 201. 548 7	12. 310 1	1 149. 456 5	7. 441 0
2	2 066. 363 6	1 769. 497 4	14. 366 6	1 805. 457 0	12. 626 4	1 899. 782 2	8. 061 5
3	1 193. 753 9	1 073. 545 8	10. 069 8	1 095. 549 9	8. 226 4	1 114. 457 7	6. 642 5
4	1 953. 125 0	1 709. 458 0	12. 475 8	1 718. 597 7	12. 007 8	1 701. 724 5	12. 871 0
5	1 621. 942 4	1 397. 114 1	13. 861 7	1 499. 147 2	7. 570 8	1 471. 147 4	9. 297 1
6	1 284. 291 2	1 401. 214 5	9. 104 1	1 393. 134 6	8. 474 9	1 476. 336 5	14. 953 4
7	1 528. 137 5	1 709. 149 1	11. 845 2	1 699. 221 3	11. 195 5	1 684. 124 0	10. 207 6
8	1 125. 000 0	1 204. 458 5	15. 062 9	1 269. 369 6	12. 832 8	1 229. 451 0	9. 285 4

样本编号	实测值（%）	传统多元回归模型		BP-ANN 模型		PLS-ANN 模型	
		预测值（%）	相对误差（%）	预测值（%）	相对误差（%）	预测值（%）	相对误差（%）
9	1 302.100 5	1 463.254 8	12.376 4	1 496.254 8	14.910 8	1 468.548 9	12.783 1
10	1 850.763 1	1623.159 4	12.297 8	1 613.589 7	12.814 9	1 639.455 7	11.417 2
11	1 381.034 5	1 556.362 4	12.695 4	1 594.597 1	15.463 9	1 499.315 4	8.564 6
12	2 042.635 1	1 785.315 4	12.597 4	1 795.753 1	12.086 4	1 831.457 8	10.338 4
13	2 069.900 0	2 312.157 8	11.703 8	2 246.548 7	8.534 1	2 129.145 7	2.862 2
14	2 213.648 6	1 975.361 1	10.764 5	1 960.014 7	11.457 7	1 994.159 7	9.915 3
15	2 431.375 7	2 163.157 1	11.031 6	2 152.347 2	11.476 2	2 264.454 4	6.865 3
16	2 444.864 9	2 264.354 1	10.246 4	2 203.457 3	9.874 0	2 298.547 5	5.984 6
17	1 995.683 5	1 736.318 5	12.996 3	1 703.451 6	14.643 2	1 795.345 0	10.038 5
18	2 272.965 5	2 599.312 4	14.357 7	2 586.365 2	13.788 1	2 519.548 7	10.848 5
19	2 100.769 2	2 305.454 3	9.743 3	2 293.325 4	9.165 9	2 258.245 0	7.495 1
20	2 845.901 6	2 636.145 2	10.884 5	2 613.364 8	8.170 9	2 544.574 8	10.588 1
平均			12.243 3		11.381 5		9.323 0

由于篇幅有限,其他两个生育期(莲座期、结球期)的试验数据就不一一列出,仅仅列出试验的预测结果,三个生育期的试验预测结果如表 7.26 所示。

表 7.26 各生育期生菜叶片水分的预测相对误差

生育期	多元回归模型预测平均相对误差（%）	BP-ANN 模型预测平均相对误差（%）	PLS-ANN 模型预测平均相对误差（%）
发棵期	12.243 3	11.381 5	9.323 0
莲座期	13.984 2	11.741 4	9.451 5
结球期	13.312 4	10.235 2	9.124 5

从表 7.26 结果可以看出,在发棵期、莲座期、结球期三个生育期,PLS-ANN 模型预测平均相对误差均小于多元回归模型及 BP-ANN 模型的预测平均相对误差。PLS-ANN 通过偏最小二乘回归方法处理自变量,消除自变量间的多重线性相关性,提取出新综合变量减少网络输入层节点数简化网络结构,试验预测结果也证实了 PLS-ANN 模型的预测效果优于 BP-ANN 模型。

7.15.5 本节小结

利用生菜叶片的高光谱图像信息,提取出光谱特征波段,处理特征波段图像,求取图像特征,并通过相关性分析,筛选出与生菜叶片水分相关性较高部分图像特征。分别通过传统多元回归分析、BP-ANN、PLS-ANN 进行建模,结果表明,PLS-ANN 的预测效果较前两者具有优势,PLS-ANN 可以作为对生菜叶片含水率预测建模。由于作者初次尝试利用高光谱图像信息反演作物叶片水分含量,高光谱图像特征波段选取及图像特征提取的方法均存在改进更新的空间,预测的平均相对误差还有减小的空间。

7.16　基于光谱的生菜品种检测

7.16.1　光谱预处理

在温室大棚内无土栽培 3 种品种(香港玻璃生菜、意大利耐抽苔生菜、奶油生菜)的生菜样本,在最后一个生育期,采集各类品种生菜样本,利用 FieldSpec® 3 型手持便携式光谱仪采集其各品种生菜叶片高光谱数据。

移动平均平滑主要是为了消除高频噪声的干扰,本章节采用 9 点加权移动平均法对光谱曲线进行平滑去噪处理得到最终光谱曲线,如图 7.58 所示。

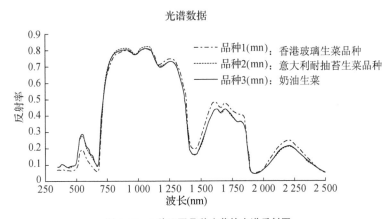

图 7.58　3 种不同品种生菜的光谱反射图

由图 7.58 可以看出,3 种不同品种的生菜光谱存在明显的差异,尤其在波峰处可以明显看出,不同品种生菜的光谱反射率差异较大,这为下文用分段主成分分析提取特征波段提供了依据。

7.16.2　特征提取

由于光谱数据中包含大量冗余数据和噪声数据,所以有必要进行降维去噪处理。受硬件的影响,光谱曲线在开头和结尾的时候会引入一部分噪声,所以在处理前,依据保护氮素灵敏波段的先验知识,首先剔除 350～450 nm 和 2 000～2 500 nm 的光谱数据,再对剩下的数据进行处理。从图 7.58 中可以看出,生菜的光谱反射值在 500～725 nm、726～1 450 nm、1 451～1 900 nm 这 3 个波峰段处有明显的差异,所以可以将光谱分成 3 段分别进行主成分分析。

主成分分析可以把原始的所有波段经过线性组合最终得到主成分波段,可用公式(7.10)来描述:

$$\beta_m = \sum_{i=1}^{m} \alpha_i \lambda_i \tag{7.10}$$

式中：β_m 为第 m 个主成分波段；α_i 为该主成分的权重系数；λ_i 为原始的波段。

在该线性组合中，权重系数越大的所对应波长的贡献率也就越大，通过比较每个波段的权重系数，最终确定在这 3 个波段范围下的权重系数较大的是：716 nm、647 nm、568 nm、660 nm、714 nm、1 447 nm、1 443 nm、1 293 nm、1 098 nm、1 448 nm、1 696 nm、1 861 nm、1 635 nm、1 491 nm、1 664 nm，然后根据贡献率和波段范围的长度来确定最终的特征波段。主成分分析后的贡献率结果如表 7.27 所示。

表 7.27　主成分分析贡献率表

波段范围	主成分波段	贡献率
500～725 nm	PC_1^1	97.630 2
	PC_2^1	99.192 1
	PC_3^1	99.839 9
	PC_4^1	99.911 9
	PC_5^1	99.963 1
726～1 450 nm	PC_1^2	83.336 6
	PC_2^2	97.265 1
	PC_3^2	99.066 5
	PC_4^2	99.518 8
	PC_5^2	99.908 4
1 451～1 900 nm	PC_1^3	96.127 2
	PC_2^3	98.326 2
	PC_3^3	99.795 0
	PC_4^3	99.914 4
	PC_5^3	99.973 1

可以看出，贡献率达到了 98% 以上，主成分分析的效果很好。下面根据波长范围的大小，从 500～725 nm 中选取一个波段作为最终的特征波段，从 726～1 450 nm 中选取 3 个，从 1 451～1 900 nm 中选取 2 个，按权重系数从高到低，最终得到特征波段为：716 nm、1 447 nm、1 443 nm、1 293 nm、1 696 nm、1 861 nm。

7.16.3　生菜品种 SVM 建模分析

试验一共有 120 个生菜叶片样本，3 个品种的生菜叶片样本各有 40 个，然后分别从 3 个品种的生菜叶片样本中随机取 8 个作为测试样本，其余的则作为训练样本，然后分别采用 4 种不同的核函数对预处理后的数据进行试验，得到关于生菜品种分类鉴别的 4 种不同的试验结果图，如图 7.59～图 7.62 所示。

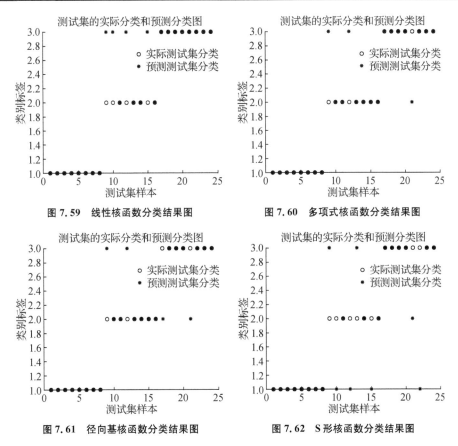

图 7.59 线性核函数分类结果图　　　图 7.60 多项式核函数分类结果图

图 7.61 径向基核函数分类结果图　　　图 7.62 S 形核函数分类结果图

从上面的 4 幅分类结果图中能明显看出,使用线性核函数的分类正确率达到了 83.33%,使用多项式核函数的正确率达到了 87.5%,用径向基核函数的正确率也达到了 83.33%,而用 S 形核函数的正确率却只有 70.83%,所以,对本试验来说,多项式核函数是最优核函数。

7.16.4　本节小结

本章节针对生菜品种智能鉴别开展了相关的研究,相关的研究成果如下:

(1)观察 3 种不同生菜品种的平均光谱曲线的差异,对差异比较大的波段范围分别采用主成分分析法,这样可以提高精度和运算效率,再根据贡献率和权重系数来找出最优特征波段。

(2)利用支持向量机建立生菜品种分类鉴别的模型,通过选取不同核函数来对比找出最优核函数,最终模型识别率达到 87.5%。

(3)运用主成分分析法优选波段结合支持向量机建模可以为生菜品种的鉴别分类带来技术支持。

参 考 文 献

· 140 ·

光谱技术在农作物/农产品信息无损检测中的应用

参 考 文 献

孙俊,金夏明,毛罕平,等.2014.基于高光谱图像的生菜叶片氮素含量预测模型研究[J].分析化学,42(5):672-677.

张英利,许安民,尚浩博,等.2006.AA3型连续流动分析仪测定土壤和植物全氮的方法研究[J].西北农林科技大学学报,34(10):128-132.

Chen Q, Cai J, Wan X, et al. 2011. Application of linear/non-linear classification algorithms in discrimination of pork storage time using Fourier transform near infrared (FT-NIR) spectroscopy[J]. LWT-Food Science and Technology, 44(10): 2053-2058.

Weakley A T, Warwick P C T, Bitterwolf T E, et al. 2012. Multivariate Analysis of Micro-Raman Spectra of Thermoplastic Polyurethane Blends Using Principal Component Analysis and Principal Component Regression [J]. Applied Spectroscopy, 66 (11): 1269-1278.

Huang Guangbin, Wang Dianhui, Yuan Lan. 2011. Extreme learning machines: a survey [J]. International Journal of Machine Learning and Cybernetics, 2(2): 107-122.

B. J. Chen, H. Z. Shu, H. Zhang, et al. 2012. Quaternion Zernike moments and their invariants for color image analysis and object recognition[J]. Signal Processing, 92(2): 308-318.

汤勃,孔建益,王兴东,等.2011.基于遗传算法的带钢表面缺陷特征降维优化选择[J].钢铁研究学报,23(9):59-62.

宁莹莹,李文举,王新年.2010.基于主成分分析和BP神经网络的车标识别[J].辽宁师范大学学报(自然科学版),33(2):179-184.

黄双萍,洪添胜,岳学军,等.2013.基于高光谱的柑橘叶片氮素含量多元回归分析[J].农业工程学报,29(5):132-138.

Kamruzzaman M, Sun D W, et al. 2013. Fast detection and visualization of minced lamb meat adulteration using NIR hyperspectral imaging and multivariate image analysis[J]. Talanta, (103): 130-136.

Xu Lu, Shi Pentao, Ye Zihong, et al. 2012. Rapid geographical origin analysis of pure West Lake lotus root powder (WL-LRP) by near-infrared spectroscopy combined with multivariate modeling techniques [J]. Food Research Iinternational, 49(2): 771-777.

李颉,张小超,苑严伟,等.2012.北京典型耕作土壤养分的近红外光谱分析[J].农业工程学报,28(2):176-179.

Jerry Workman Jr, Lois Weyer. 2009.近红外光谱解析实用指南[M].褚小立,许育鹏,田高友,译.北京:化学工业出版社.

李金梦,叶旭军,王巧男,等.2014.高光谱成像技术的柑橘植株叶片含氮预测模型[J].光谱学与光谱分析,34(01):212-216.

Huang Lin, Zhao Jiewen, Chen Quansheng, et al. 2013. Rapid detection of total viable count (TVC) in pork meat by hyperspectral imaging [J]. Food Research International, 54(1).

Songjing Wang, Kangsheng Liu, Xinjie Yu, et al. 2012. Application of hybrid image features for fast and non-invasive classification of raisin[J]. Journal of Food Engineering, 109: 531 – 537.

Jun Sun, Xin Zhou, Xiaohong Wu, et al. 2016. Identification of Moisture Content in Tobacco Plant Leaves using Outlier Sample Eliminating Algorithms and Hyperspectral Data[J]. Biochemical and Biophysical Research Communications, 471: 226 – 232.

张新明,张爱丽,郑延斌,等.2011.改进的最大熵阈值分割及其快速实现[J].计算机科学, 38(8):278 – 283.

孙俊,金夏明,毛罕平,等.2013.基于 Adaboost 及高光谱的生菜叶片氮素水平鉴别研究[J]. 光谱学与光谱分析,(12):3372 – 3376.

孙俊,卫爱国,毛罕平,等.2014.基于高光谱图像及 ELM 的生菜叶片氮素水平定性分析 [J].农业机械学报,45(7):272 – 277.

孙俊,金夏明,毛罕平,等.2014.基于高光谱图像的生菜叶片氮素含量预测模型研究[J].分 析化学,(5):672 – 677.

孙俊,王艳,金夏明,等.2013.基于 MSCPSO 混合核 SVM 参数优化的生菜品质检测[J].农 业机械学报,44(9):209 – 213.

孙俊,金夏明,毛罕平,等.2014.基于高光谱图像光谱与纹理信息的生菜氮素含量检测[J]. 农业工程学报,30(10):167 – 173.

孙俊,金夏明,毛罕平,等.2014.基于有监督特征提取的生菜叶片农药残留浓度高光谱鉴别 研究[J].江苏农业科学,42(5):227 – 229.

周鑫,孙俊,武小红,等.2016.基于融合小波的高光谱生菜农药残留梯度鉴别研究[J].中国 农机化学报,(8):80 – 86.

孙俊,周鑫,毛罕平,等.2016.基于荧光光谱的生菜农药残留检测[J].农业工程学报, 32(19):302 – 307.

孙俊,蒋淑英,毛罕平,等.2016.基于线性判别法的生菜农药残留定性检测模型研究[J].农 业机械学报,47(1):234 – 239.

孙俊,武小红,张晓东,等.2013.基于高光谱图像的生菜叶片水分预测研究[J].光谱学与光 谱分析,33(2):522 – 526.

8 桑叶信息检测

8.1 桑叶农药残留定性检测

8.1.1 桑叶试验样本制备

在桑园管理中,敌敌畏、毒死蜱、乙酰甲胺磷、乐果和辛硫磷是常被用来防治桑园害虫的主要有机磷农药(林小丽等,2009),因此本章节采用以上五种有机磷农药作为农药残留试验对象。此次试验所用的桑叶样本来自江苏省东台市富安镇桑园,均为成熟期的桑叶。在样本采集过程中人为选取了 60 棵长势和形态相似的育711 品种的桑树每 10 棵分为一组(共 6 组),四周设隔离区。由于傍晚植物比较容易吸收农药,因此农药喷洒试验选在下午 18 点进行,利用背负式喷雾器分别对第一组按推荐剂量(1 000 倍稀释液)喷洒敌敌畏农药(77.5％敌敌畏(Dichlorvos)乳油(EC)由东台农用化学厂生产);第二组按推荐剂量(1 500 倍稀释液)喷洒毒死蜱农药(40％毒死蜱(Chlorpyrifos)乳油(EC)由东台农用化学厂生产),第三组按推荐剂量(1 000 倍稀释液)喷洒乙酰甲胺磷农药(30％乙酰甲胺磷(Acephate)乳油(EC)由江苏蓝丰生物化工股份有限公司生产);第四组按推荐剂量(1 000 倍稀释液)喷洒乐果农药(40％乐果(Dimethoate)乳油(EC)由南通江山晨乐化工股份有限公司生产);第五组按推荐剂量(1 000 倍稀释液)喷洒辛硫磷农药(40％辛硫磷(Phoxim)乳油(EC)由湖北仙隆化工股份有限公司生产);第六组桑树喷洒清水,确保全株桑叶正反面都被喷透。第三天上午 9 点,从各组桑树的主要枝条中挑选叶位相同、叶面积相差不大、叶面无病斑的桑叶各 60 片,六组共 360 片桑叶,采摘完后依次编号并装入贴有标签的塑料袋密封保存,并于当日直接送往江苏大学农业工程研究院光谱实验室进行高光谱图像采集试验。

8.1.2 桑叶高光谱图像的采集

高光谱图像采集前的准备工作:提前半小时打开光源进行预热;设置曝光时间为 20 ms,电控位移台移动速度设为 1.25 mm/s(孙俊等,2014),图像分辨率可设置为 672×512;将桑叶正面向上平铺在白纸上,放入暗箱中的电控位移台上;打开

SpectralCube(Spectral Imaging Ltd.，Finland)软件的操作界面。待准备就绪后，利用 SpectralCube 软件采集每片桑叶的高光谱图像。为了尽可能降低图像噪声和暗电流的影响，高光谱图像数据采集前需要进行黑白标定。

感兴趣区域(ROI)是从桑叶高光谱图像中选取的重点分析区域，用来代表整个叶片的信息。因此，选取合理的 ROI 对后续所建模型的性能很关键。本章节统一在叶片的右下中部较平整的区域内(避开主茎干)设定一个 64×64 像素的方形区域作为 ROI，然后计算 ROI 内每个波长下的像素点的光谱值的平均值，将得到的平均值为该桑叶样本的光谱数据。图 8.1 示意了不含农药残留桑叶样本的 ROI 和对应光谱数据的提取。

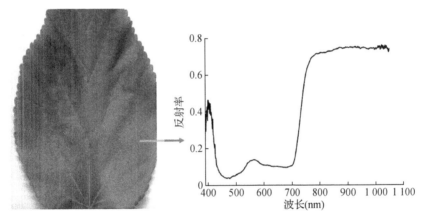

图 8.1　ROI 选取与光谱的提取示意图

8.1.3　光谱曲线的分析

首先利用 ENVI 软件对 360 张桑叶高光谱图像选择 ROI，然后分别计算每个 ROI 内的所有像素点的平均值作为每个桑叶样本的光谱数据，从而得到 360 个桑叶样本在 390～1 050 nm(共 512 个波长)范围内的光谱曲线图，原始光谱曲线图如图 8.2 所示。

从图 8.2 可以看出，在 400～700 nm 波段范围内，450 nm 蓝光和 700 nm 红光附近出现两个反射率波谷，560 nm 绿光处形成一个反射率小峰；在 700～780 nm 波段范围内，反射率陡峭上升；在 780～1 000 nm 范围内，反射率趋于平稳。根据绿色叶片特有的光谱响应特征："蓝边"、"绿峰"、"红谷"、"红边"和"红外高台阶"(孙林等，2010)，本章节所提取的桑叶光谱曲线图的变化趋势是符合绿色叶片光谱反射率规律的。在 400～780 nm 波段内，叶绿素是影响叶片反射率的主要因素；780～1 050 nm 波段内，细胞结构与叶片光谱反射率有显著的相关性(梁守真等，2010)，且目前已有研究报道：农药胁迫会影响植物的生理生化指标，如叶绿素等。

因此农药胁迫与叶片光谱反射率存在一定的相关性,从而可以利用高光图像技术来无损检测有机磷农药残留。为了清晰地看到各组样本之间光谱信息的差异,对每组 60 条光谱求平均,平均光谱曲线图如图 8.3 所示。从图 8.3 可以看出,叶片光谱反射率受到农药残留明显的影响,且含不同种类的农药残留的桑叶光谱反射率曲线差异明显,因此可以利用光谱信息来判断桑叶中有无农药残留以及甄别农药残留的类别。

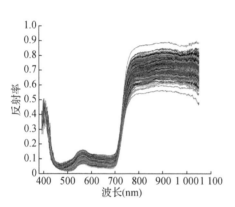

图 8.2　原始光谱曲线图

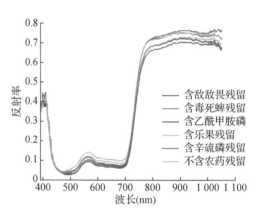

图 8.3　平均光谱曲线图

8.1.4　桑叶光谱信息的预处理

高光谱数据不仅易受外界干扰,而且受到仪器噪声和随机误差的影响,这会严重降低建模的精确度。为了消除光谱噪声、提高信噪比,本章节采用 S-G 多项式拟合平滑法预处理高光谱数据。S-G 多项式拟合平滑法是由 Savitzky 和 Golay 共同提出,原理是通过最小二乘法对移动窗口中基数个点拟合多项式,并利用多项式计算平滑的数据点,最终采用计算结果代替中心数据点(杜树新等,2010)。该方法不仅能够减少噪声,提高信噪比,还能够较好地保留有用的光谱信息。此外,由于整个波段的两个顶端的高光谱数据信噪比较低,因此分别从两端往中间剔除各 50 个波长下的光谱数据,最终得到 412 个波长范围内的光谱数据,如图 8.4 所示。

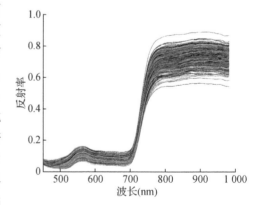

图 8.4　平滑后光谱曲线图

8.1.5　桑叶光谱特征波长选取

高光谱图像的光谱数据量大、波段间相关性大,使得光谱数据中存在大量的冗余信息(Bazi Y,et al,2006),极大地影响了建模的效率和精度。为此,如何选择既能代表所有光谱信息又能减小波段间相关性的特征波长尤为重要。连续投影算法(SPA),利用向量的投影分析从光谱信息中充分筛选最低冗余信息的变量组,达到变量之间的最小共线性的目的;同时利用筛选后变量组建立模型,不仅大大减少建模所用变量的个数,还提高建模的速度和效率(Sofacles,et al,2013)。

本章节采用 SPA 选择特征波长,特征波长数(N)范围设为 1~20。如图 8.5 所示,当保留的变量个数从 1 增加到 10,验证均方根误差(RMSE)下降幅度大;当变量个数达到 10 以后,RMSE 趋于稳定。根据验证均方根误差(RMSE)尽可能小和后期模型尽可能简化的原则,N 取值为 10,其验证均方根误差为 1.194 3,如图 8.5 中正方形区域所示。

从 412 个波长中,利用 SPA 优选出 10 个特征波长,分别为 452.51、469.88、517.28、539.85、578.92、643.72、727.24、758.34、785.67 和 819.67 nm,如图 8.6 中圆形区域所示。10 个特征波长在"蓝边"、"绿峰"、"红谷"、"红边"和"红外高台阶"附近,因此可以再次得出农药胁迫与叶片光谱反射率存在一定的相关性。

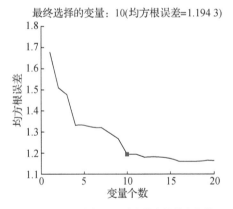

图 8.5　验证均方根误差随变量个数的变化情况

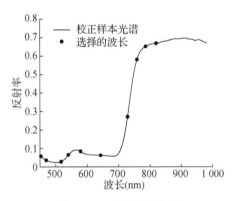

图 8.6　SPA 筛选出的波长

8.1.6　SVM 分类建模

本章节首先分别从每类中随机选取一半样本作为训练样本集(每类 30 个,共计 180 个),余下的则作为测试样本集(每类 30 个,共计 180 个)。然后利用 SVM 算法基于特征波长下的光谱数据对样本进行分类。选择稳定性和准确性均较好的 RBF 核函数作为 SVM 核函数。在模型建立过程中,采用 10 折交叉验证法,并分别采用默认参数和分别 3 种参数寻优算法(网格搜索(李清毅等,2011)、遗传算法(王春林等,2007)和粒子群算法)所得参数进行建模。综合比较各模型的分类精度,从而来确定 SVM 的惩罚因子(c)和 RBF 核函数的正则化系数(g)。最后,通过比较四个模型的交叉验证集、预测集的分类准确率和建模所需时间,从中优选出一个最适合用于桑叶农药残留鉴别模型的参数优化方法。表 8.1 为使用默认参数和 3 种参数寻优算法所建立的 SVM 模型的结果。

表 8.1　不同寻优算法下 SVM 模型的分类结果

寻优算法	交叉验证集(10 折)			准确率(%)	
	惩罚因子 c	核函数参数 g	时间 s	交叉验证集	预测集
无(默认参数)	1	1/10	0.08	48.89	47.78
网格搜索	147.03	1	22.90	63.89	78.33
遗传算法	85.97	1.21	103.85	63.89	78.33
粒子群算法	92.77	0.78	117.90	60.56	76.11

从表 8.1 结果可以看出:第一,从模型的分类准确率来看,使用默认参数建立的 SVM 模型性能最差,交叉验证准确率仅为 48.89%,预测准确率也只有 47.78%,而采用参数寻优方法后所建 SVM 模型的交叉验证准确率为 60.56% 以上,预测准确率达到了 76.11% 以上,性能明显优于未经参数寻优所建模型的性能,说明利用参数寻优算法可以有效提高 SVM 模型的分类准确率;第二,从建模所需时间来看,使用默认参数建立 SVM 模型所需的时间最少,采用 3 种参数寻优方法(网格搜索、遗传算法和粒子群算法)建模所需时间分别为 22.90 s、103.85 s和 117.90 s,网格搜索方法较优。综合模型分类准确率和建模所需时间这两点来看,采用网格搜索的方法来进行参数寻优,然后建立 SVM 模型,并用来对预测集样本进行分类,此种方法最优,较适合于实际的 SVM 建模。

8.1.7　Ada-SVM 分类建模

Adaboost 是基于在线分配算法的一种迭代算法,其基本原则是依据每次训练样本集中的每个被测样本是否能被正确分类,以及上次的所有被测样本的分类的正确率,从而修改每个被测样本的权值,再将修改的权值送给下层分类器进行训练,最终将每次训练得到的弱分类器融合为一个强分类器。本章节采用 Ada-SVM 集成分类算法,该算法将 Adaboost 引入 SVM 算法:首先利用 SVM 分类器训练弱分类器;其次计算分类误差,再次根据弱分类器的预测误差计算权重。最后更新权重,经过 T 轮迭代后,得到强分类器函数。本章节的建模试验中,采用 RBF 核函数作为 SVM 的核函数,并利用网格搜索法寻找核函数参数(c 和 g)的最优值($c =$ 147.03和 $g = 1$),迭代次数设为 $T = 15$。分别运行两种分类器:SVM 和

Ada-SVM,得到的预测结果如图 8.7 所示。

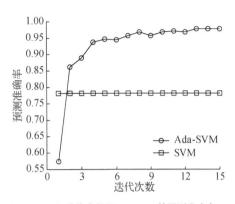

图 8.7　不同迭代次数下 **Ada-SVM** 的预测准确率

　　从图 8.7 中的迭代次数和预测准确率可以看出,引入 Adaboost 后的 Ada-SVM 分类器的性能得到了明显的提升,当迭代次数从 2 开始,Ada-SVM 的预测准确率就超越了传统的 SVM 分类器。从迭代次数看,当迭代次数为 3 和 4 时是模型性能提升最快的时候,预测准确率大约提升了 20%,随着迭代次数的不断增加,Ada-SVM 模型的准确率呈现起伏状态,不过从整体趋势上来看,模型性能还是得到了一定的提升。当迭代次数为 13 的时候,模型性能达到最优,预测准确率达到了97.78%。与传统 SVM 模型的预测准确率相比,Ada-SVM 分类模型的预测准确率提高了 19.45%,这是因为 Adaboost 算法可以根据弱分类器的分类误差,自主选择弱分类器的权重,从而使得最终构成的强分类具有最优的分类性能。总之,Ada-SVM 模型的分类性能较好,能够较准确鉴别桑叶表面有无农药残留及农药残留种类。

8.1.8　本节小结

　　(1) 利用可见-近红外高光谱成像采集系统采集六组桑叶的高光谱图像,即不含农药残留的桑叶、含有敌敌畏残留的桑叶、含有毒死蜱残留的桑叶、含有乙酰甲胺磷残留的桑叶、含有乐果残留的桑叶和含有辛硫磷残留的桑叶,然后利用 ENVI 软件从桑叶高光谱图像中提取光谱信息。

　　(2) 采用 SPA 对高光谱数据进行特征波段的选择,然后采用 10 折交叉验证的方法和三种寻优算法寻找 SVM 建立过程中变动的参数。从分类准确率和建模时间两个角度考虑,选取了一组最优的参数,同时利用该参数建立桑叶农药残留鉴别 SVM 模型。为了提高 SVM 分类器的准确性,将 Adaboost 引入 SVM 分类器中,建立分类模型。结果表明,Ada-SVM 比 SVM 有了很大的提高,且 Ada-SVM 能在迭代次数为 10 的情况下,预测准确率能达到 97.78%。综上所述,利用高光谱成像技术结合 Ada-SVM 算法可以用来作为桑叶表面农药残留有无以及农药种类鉴别的建模。

8.2　桑叶农药残留定量检测

8.2.1　桑叶定量检测试验样本制备

试验样本为育 71-1 品种的桑叶,来自江苏省东台市富安镇某一桑园。实验农药为毒死蜱乳油(有效成分是 40%),由东台农用化学厂生产。可见-近红外高光谱成像采集系统是用来获取桑叶的可见-近红外高光谱图像。气相色谱仪是用来准确测定桑叶的毒死蜱残留的含量值。

首先配置 6 个不同浓度的毒死蜱溶液(溶剂是丙酮),浓度分别是:2 mg/ml、4 mg/ml、6 mg/ml、10 mg/ml、12 mg/ml 和 14 mg/ml。然后选择 24 棵长势相似的桑树,并分成 6 组,每组 4 棵。其次将已配好的毒死蜱溶液,利用小喷壶分别对 6 组桑树均匀喷洒相同体积的不同浓度的毒死蜱溶液,并确保对每片桑叶正反两面都喷洒农药。最后,使用干净透明的塑料薄膜分别将 24 棵桑树包围。48 小时后,从上往下选择摘取每组桑树的主要枝条上第 3、4 位置的桑叶,共计 24 片。6 组桑树共获得 144 片桑叶装入自封袋中并编号,立即送往高光谱实验室采集桑叶的可见-近红外高光谱图像。

8.2.2　高光谱图像的采集与标定

高光谱图像采集前的就绪工作:提前半小时打开光源进行预热;设置曝光时间为 20 ms,电控位移台的移动速度设置为 1.25 mm/s,图像分辨率可设置为 672×512;将桑叶正面向上平铺在白纸上,放入暗箱中的电控位移台上;打开 SpectralCube(Spectral Imaging Ltd.,Finland)软件的操作界面。待准备就绪后,利用 SpectralCube 软件采集每片桑叶的高光谱图像。为了尽可能降低图像噪声和暗电流的影响,高光谱图像数据采集前需要黑白标定。

8.2.3　农药残留的气相检测

1) 桑叶定量检测样品预处理

将桑叶剪碎,利用分析天平称取样品 25 g(精确到 0.1 mg),加入 50 ml 乙腈(色谱纯),振荡提取 1 h。真空抽滤后,滤液放置到盛有 5 g NaCl(优级纯)的 100 ml 具塞量筒中,盖上塞子,剧烈振荡 1 min。在室温下,静置 10 min,让乙腈相和水相分层。准确吸取 10 ml 上层乙腈相溶液,放入 150 ml 浓缩瓶中,在水浴锅上浓缩至近干,加入内标溶液 1 ml(溶质:磷酸三丁酯;溶剂:丙酮;浓度:0.05 mg/ml),用丙酮定容 10 ml,并使用 5 ml 注射器通过微孔过滤膜(13 mm×0.2 μm,有机溶剂膜),移入进样瓶中,供气相色谱测定。

2) 气相色谱条件

本次试验选用美国安捷伦公司生产的 7890A 型号的气相色谱仪,色谱柱为 (5%-苯基)-甲基聚硅氧烷的(HP-5)毛细血管柱,30 m×0.53 mm×1.0 μm;氢焰离子化检测器(FID)选为检测器;温度条件:柱温箱的温度先从 120 ℃ 并保持 2 min,以 16 ℃/min 升至 200 ℃,8 ℃/min 保持 2 min 升至 240 ℃/min;进样口温度为 210 ℃;检测器温度为 300 ℃。气体条件:载气为高纯氮,流量为 25 ml/min;燃气为高纯氢,流量为 30 ml/min;空气流量为 400 ml/min;隔垫吹扫流量为 3 ml/min。采用分流进样,分流比 1∶20,手动进样 1 μL。定量方法:峰面积内标法定量。

3) 标准曲线的建立

本章节准确称取定量的(精确到 0.1 mg)毒死蜱农药标准品(编号:GBW(E) 061459)用丙酮做溶剂(分析纯,重蒸馏),配置成 0.02、0.05、0.1、0.2 和 0.4 mg/ml 的标准溶液。由于内标物与被测组分的峰面积的比值不受进样量波动的影响,因而在一定程度上消除了操作条件等的变化所引起的误差。所以为了保证测量结果的精度,本章节采用内标法检测毒死蜱的含量,故选择与毒死蜱物理化学性质相似的磷酸三丁酯作为内标物,丙酮作为溶剂,配制 0.05 mg/ml 内标溶液,各取 1 ml 加入毒死蜱标准溶液中。丙酮的保留时间是 0.496 min;磷酸三丁酯的保留时间是 2.898 min;毒死蜱的保留时间是 4.996 min,如图 8.8 所示。

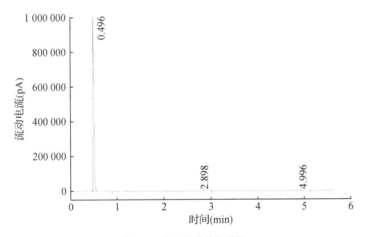

图 8.8　标准溶液的色谱图

如图 8.9 所见:标准曲线的横坐标(X)为标准溶液的浓度,纵坐标(Y)为相应的被测组分与内标物的峰面积之比。根据实际测量的数据点的坐标,拟合出 X 与 Y 之间的函数关系($Y=7.528X-0.093\ 6$)。由标准曲线可见,毒死蜱在 0.02~ 0.4 mg/ml 范围内,浓度与色谱峰面积呈线性关系,相系数达 0.999 9,可以用来分析桑叶毒死蜱残留量。

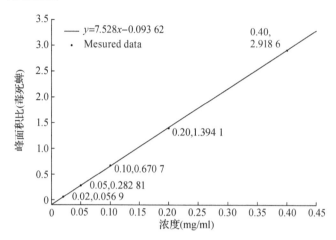

图 8.9　标准工作曲线

4）气相测定桑叶毒死蜱残留量

144 个桑叶样本被提取净化后,利用气相色谱仪测得毒死蜱的含量。其中某个样本的气相色谱图如图 8.10 所示。对比标准溶液的色谱图(见图 8.8),保留时间是 0.495 min 的色谱峰确定为溶剂丙酮;保留时间是 2.908 min 的色谱峰确定为内标物磷酸三丁酯;保留时间是 4.992 min 的色谱峰确定为被测物毒死蜱;其余的色谱峰被认为是杂质。

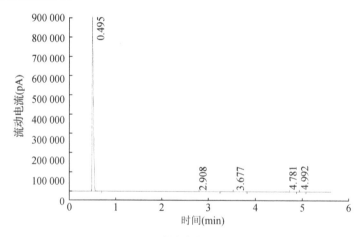

图 8.10　样本溶液的色谱图

根据标准工作曲线,144 个样本的毒死蜱含量以及最大值、最小值等,见表 8.2 所统计。

表 8.2 样本的毒死蜱残留量

样本数	最小值($\mu g/kg$)	最大值($\mu g/kg$)	平均值($\mu g/kg$)	方差
144	42.475 7	244.674 4	129.737 3	75.708 56

8.2.4 结果与分析

利用高光谱图像技术仅能获取桑叶样本的高光谱图像数据,为了能够进一步了解叶片高光谱图像与毒死蜱农药残留量的关系,则需要提取光谱信息或图像信息,并利用化学计量学方法建立定量分析模型。

1) ROI 的选取和光谱数据的提取

感兴趣区域(ROI)是从桑叶叶片图像中选取分析的重点区域,可以是整个叶片或者部分叶片,因此,选取合理的 ROI 对后续所建模型的性能很关键。本章节统一在叶片较平整的区域内(避开主茎干)设定一个 64×64 像素的方形区域作为 ROI,然后计算 ROI 内每个波长下的像素点的光谱值的平均值,将得到的平均值为该桑叶样本的光谱数据。本次实验样本 144 个,在每个样本的相同位置选取 ROI,图 8.11 示意了不含农药残留桑叶样本的 ROI 和对应光谱数据的提取。

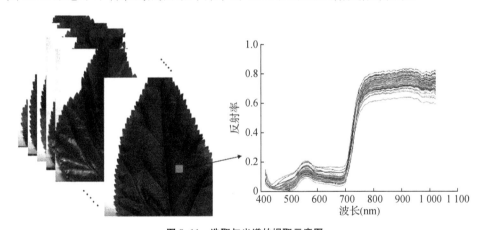

图 8.11 选取与光谱的提取示意图

2) 光谱数据的预处理

由于桑叶表面褶皱、仪器噪音等因素的影响,采集到的桑叶光谱信息不仅有待测变量的信息,还包含了干扰信息,这些干扰信息的存在严重影响预测模型的精度。因此,必须对原始光谱数据进行预处理来减弱或消除噪声信息的影响。本章节先利用 S-G 多项式平滑方法消除光谱信息中的随机性误差,如图 8.12 所示。再利用正交信号校正法对平滑后的数据进行预处理,不仅进一步滤除系统噪音,又能保留其中的有用信息,如图 8.13 所示。此外,由于高光谱数据在开头和结尾部分信噪比较低,因此分别剔除头尾两端各 50 个波长下的光谱数据,最终得到 412 个波长范围内的光谱数据。

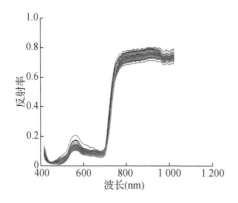 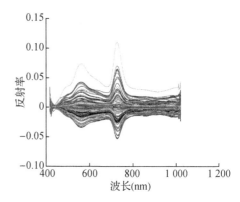

图 8.12　平滑后的光谱曲线图　　　　图 8.13　S-G 平滑＋OSC 处理后光谱曲线图

3) 特征波长的选择

本实验所采集的桑叶可见-红外高光谱图像的光谱数据共 512 个波段,其中包含了大量的冗余信息。因此利用全波段的光谱数据建立模型,不仅工作效率低还降低预测模型的识别率。因此通过某种特定的方法挑选出与待测对象最相关的信息显得十分关键。本实验通过光谱数据和毒死蜱残留量之间的相关系数来选择特征波长。由于在 400～780 nm 波段内,叶绿素是影响叶片反射率的主要因素,有机磷农药残留会影响绿色植物叶片的叶绿素,因此有机磷农药残留与叶片光谱反射率存在一定的相关性。相关系数是没有单位的量,其绝对值在 0～1 之间变化,越接近 1 就表示两个变量之间的相关性越大,即两个变量的共性部分越多,从一个量的变化去预测另一个变量变化的精度越高,反之亦然。从图 8.14 中可以看出 400～780 nm 波段内相关系数比较高。相关系数的绝对值在 560 nm 绿光处达到最大,随后下降,在 680 nm 红光处开始上升,直到 725 nm 后陡峭下降。根据相关系数的绝对值越接近 1 表明相关性越强,选择峰谷处的波长(561.25 nm、680.86 nm、706.58 nm、714.32 nm、724.66 nm)作为特征波长,如图 8.14 中的圆点所示。

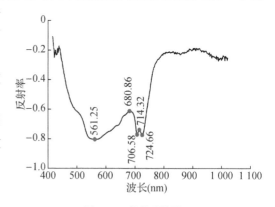

图 8.14　相关系数图

4）预测模型的建立

将提取出的特征波长对应下的光谱数据作为预测模型的输入,气相色谱仪测定的毒死蜱残留量的化学值作为预测模型的输入。从 144 个桑叶叶片样本中随机选取 96 个桑叶样本的光谱信息,以及对应的毒死蜱残留的化学值,作为训练集来训练预测模型;剩下 96 个桑叶样本的光谱信息,以及对应的毒死蜱残留的化学值作为测试集来检验模型的性能,从而建立一个能够无损定量检测桑叶毒死蜱残留含量的预测模型。

不同的数学建模方法对不同来源的数据具有不同的建模效果,为了寻找到一种最适合用于农药残留含量预测的方法,MLR 和 SVR 预测模型是线性和非线性定量分析模型的代表。本实验分别建立桑叶毒死蜱残留量的 MLR 和 SVR 预测模型,并对其建模效果进行分析比较。图 8.15 和图 8.16 中可以看出 MLR 和 SVR 预测模型的测试结果和各自训练集和测试集的均方根误差(RMSE)和决定系数(R^2)。

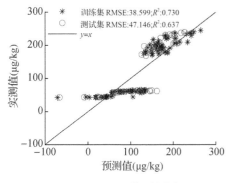 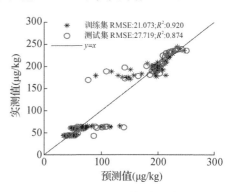

图 8.15　MLR 预测模型的散点图　　　　图 8.16　SVR 预测模型的散点图

从图 8.15 中可以看出:由 MLR 建立的农药残留预测模型的预测能力不强(测试集:$RMSE=47.164$,$R^2=0.637$);在检测低浓度的毒死蜱残留时,样本的散点偏移参考直线($y=x$)的程度明显高于检测高浓度的毒死蜱残留。由此可见,MLR 预测模型不能用来精确检测浓度低残留量。从图 8.16 中可以看出:SVR 预测模型的训练集和测试集的 R^2 都达到 0.87 以上,不管是低浓度残留还是高浓度残留,样本的散点大多数不偏离参考直线($y=x$)。通过 MLR 和 SVR 预测模型的对比,后者比前者的预测能力强,且能够精确预测低残留,可以用来定量分析桑叶毒死蜱残留和其他种类的农药残留。

8.2.5　本节小结

本实验首先利用可见-近红外更高光谱采集系统采集含有不同毒死蜱残留量桑叶的可见-近红外高光谱图像,从图像中选择适合的 ROI,并提取 ROI 的光谱平均数据。然后先利用 SG 平滑法消除光谱数据的噪声,再利用 OSC 法去除不相关的光谱信息。对预处理后的光谱数据和气相色谱仪测得的毒死蜱含量的化学值做相关性分析,从中选出 5 个特征波长。最后基于特征波长下的光谱数据和毒死蜱化学值来建立 MLR 和 SVR 预测模型。通过对比和分析,SVR 预测模型的性能显著优于 MLR 预测模型。因此,可见-近红外高光谱图像技术结合光谱处理与分析方法可以无损检测桑叶毒死蜱残留的含量。

参 考 文 献

林小丽,单正军,韩志华,等.2009.40％毒死蜱乳油在桑园使用后对家蚕的影响评估[J].农药学学报,11(2):255－260.

孙俊,金夏明,毛罕平,等.2014.基于高光谱图像的生菜叶片氮素含量预测模型研究[J].分析化学,42(5):672－677.

孙林,程丽娟.2010.植被叶片生化组分的光谱响应特征分析[J].光谱学与光谱分析,30(11):3025－3031.

梁守真,施平,马万栋,等.2010.植被叶片光谱及红边特征与叶片生化组分关系的分析[J].中国生态农业学报,18(4):804－809.

杜树新,杜阳锋,武晓莉.2010.基于 Savitzky-Golay 多项式的三维荧光光谱的曲面平滑方法[J].光谱学与光谱分析,30(12):3268－327.

Bazi Y, Melgani F. 2006. Toward an optimal SVM classification system for hyperspectral remote sensing images [J]. IEEE Transactions on Geoscience and Remote Sensing, 44(11): 3374－3385.

Sofacles F C S, Adriano A Gomes. 2013. The successive projections algorithm[J]. Trends in Analytical Chemistry, 42: 84－98.

李清毅,周昊,林阿平,等.2011.基于网格搜索和支持向量机的灰熔点预测[J].浙江大学学报(工学版),45(12):2181－2187.

王春林,周昊,李国能,等.2007.基于支持向量机与遗传算法的灰熔点预测[J].中国电机工程学报,27(8):11－15.

张梅霞.2015.基于高光谱成像技术的桑叶农药残留检测研究[D].江苏大学硕士论文.

Sun Jun, Jiang Shuying, Zhang Meixia, et al. 2016. Detection of Pesticide Residues in Mulberey leaves Using Vis-NIR Hyperspectral Imaging Technology. Journal of Residuals science & Technology, 13(1):125－131.

孙俊,张梅霞,毛罕平,等.2015.基于高光谱图像的桑叶农药残留种类鉴别研究.农业机械学报.46(6):251－256.

9 大米信息检测

9.1 基于高光谱图像的大米品种检测

9.1.1 高光谱提取与处理

在高光谱数据提取前,首先需要确定样本高光谱图像的感兴趣区域(ROI),ROI选取的好坏直接影响后期所建模型的性能。试验统一在样本中心区域内手动选取了大小为 100×100 的正方形区域,作为ROI。然后通过计算ROI内所有像素点的平均值,最终得到每个样本的平均高光谱数据。

目前用来对光谱数据进行分类建模的算法有很多,主要分为线性分类算法和非线性分类算法(Teye E,2013;Tarrio-Saavedra J,2013)。线性分类算法的主要优点是模型复杂度低、执行速度快、实时性好,缺点则是对于一些线性关系不明显的样本数据很难做到精确的分类,非线性分类算法的优缺点则正好与线性分类算法相反。因此,本节采用了同时具备线性和非线性能力的支持向量机(support vector machine,SVM)分类算法(Devos O,2014),通过讨论线性核函数和非线性核函数分别对大米掺次判别模型的影响,从而来确定最终模型所需的参数。

9.1.2 高光谱特征选择与特征提取

高光谱数据具有波段多、数据量大、冗余性强等特点,若直接对原始高光谱数据进行建模可能会发生Hughes现象,就会导致数据建模效率低、模型性能差。目前,对高光谱数据进行降维的方法主要分为两个方面。① 通过一些方法从众多波段中选择出一些信息量大、噪声小、代表性强的波段用于后期的处理,即特征选择方法。② 通过某些数学变换将众多的波段进行压缩,尽可能将样本的大部分有用信息都压缩在某波段区间内,然后舍去信息量包含较少的波段,即特征提取方法。针对特征选择方法,本节采用主成分分析法(PCA)(Muhammad A,2011)对ROI高光谱图像进行图像层面上的处理,然后根据前4幅主成分图像在各波段下对应的权重系数图,在权重系数绝对值相对大的波长下,选择一些特征波长。针对特征提取方法,本节同样采用PCA进行处理,从数据层面上对提取出的平均高光谱数据进行 PCA 分析,然后通过交叉验证的方法确定并提取出最优的主成分数。

高光谱数据降维试验主要分为两个部分。首先从特征选择的角度出发,采用 PCA 依次对每个样本的 ROI 高光谱图像进行处理,得到了一些主成分图像和相对应的一些关系矩阵。图 9.1 为一个大米样本的前 5 幅主成分图像,可以看出 PC1 图像的清晰度和饱和度是最好的,与原始的大米样本图像最为接近,说明 PC1 图像所含有的信息量是最大的。随着主成分数的增加,图像的清晰度越来越低,当主成分数到达 5 的时候,从图像中几乎已经看不出大米的轮廓,噪声在 PC5 图像中占据了较大的比重。因此,本节选取了各样本的前 4 幅主成分图像,并将各主成分图像下的权重系数矩阵针对所有样本求平均,最终得到所有大米样本的前 4 幅主成分图像的平均权重系数图,结果如图 9.2 所示。从图 9.2 可以看出,有些点在几个主成分图像中均为局部最高点(峰值)或局部最低点(谷值),图中用"o"表示,因此本节选择了这些点所对应的波长作为特征波长,分别为 531.1 nm、702.7 nm、714.3 nm、724.7 nm、888.2 nm 和 930.5 nm,共计 6 个特征波长。

PC1   PC2   PC3   PC4   PC5

图 9.1   前 5 幅主成分图像

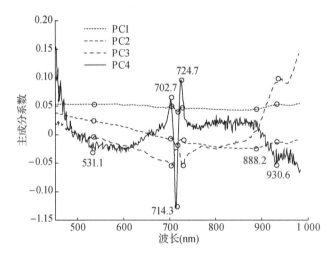

图 9.2   前 4 个主成分图像的平均权重系数图

其次,从特征提取的角度出发,同样是采用 PCA 方法,不过作用的对象变为提取出的平均高光谱数据,通过对样本校正集进行 PCA 处理,得到了一个 PCA 投影矩阵,然后通过 PCA 投影矩阵对预测集进行投影从而达到对预测样本数据进行降维的目的。然而在 PCA 投影降维中,一个非常重要的问题是 PCA 投影具体投影到多少维的空间(主成分数),如果投影后的维数过低,则会严重影响后期的数据处理结果,如果维数过大,则会影响后期数据处理的效率。因此,本节将 SVM 作为分类器,通过不断改变主成分数的大小(从 0~15),分别对样本校正集采用留一交叉验证的方法,最终根据交叉验证正确率来确定最优的主成分数,结果如图 9.3 所示。从图 9.3 可以看出,随着主成分数的不断增加,交叉验证正确率在不断提高,并且在同一主成分数下,RBF 核函数的正确率稍高于线性核函数的正确率。当主成分数达到 9 的时候,交叉验证正确率出现了最大值为 94%,因此选取此点处所对应的主成分数 9 作为最优的主成分数。

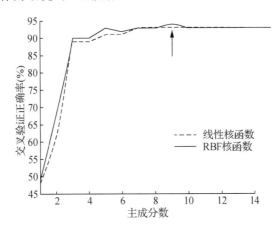

图 9.3 在不同主成分数下的留一交叉验证结果

9.1.3 建模分析

1) 利用全波段数据进行 SVM 建模

利用支持向量机(SVM)对提取出的原始高光谱数据进行建模试验,在本次试验中,SVM 核函数分别采用了线性核函数和 RBF 核函数,针对模型中的惩罚因子 C 和 RBF 核函数中的参数 gamma 的设置问题,通过利用留一交叉验证法和网格搜索的方法来最终确定。最终 SVM 模型的分类结果如表 9.1 所示。

表 9.1 全光谱数据 SVM 建模结果

模型输入数据	核函数	校正集正确率(%)	交叉验证正确率(%)	预测集正确率(%)
全波段数据	线性核函数	99	93	97
	RBF 核函数	100	93	98

2) 基于特征选择或特征提取的 SVM 建模

同样的,建模试验部分也分两个方面进行:一方面采用 SVM 对 6 个特征波长所对应的大米样本数据进行建模试验;另一方面采用 SVM 对投影后维数为 9 时的主成分数据进行建模试验,建模时 SVM 核函数的选取与参数的设置方法与上述提到的方法相同。最终得到了基于特征波长数据和主成分投影数据的 SVM 模型的分类结果,具体如表 9.2 所示。从表 9.2 可以看出,基于特征波长数据或主成分投影数据 SVM 模型的校正集正确率达到了 99% 以上、交叉验证正确率达到了 93% 以上、预测集正确率达到了 96%,说明这两种降维方法均取得了较好的效果。其中,基于 RBF 核函数的 SVM 模型的性能稍优于基于线性核函数的 SVM 模型,这与上述中利用全波段数据建模得到的结果一样。另外,通过与上述利用全波段数据建模的结果比较发现,本节利用特征波长数据或主成分投影数据建立的简化 SVM 模型得到了与利用全波段数据建模类似的结果,说明本节采用的这两种数据降维的方法是完全可行的。

表 9.2　基于特征波长或主成分投影数据的 SVM 建模结果

模型输入数据	核函数	校正集正确率(%)	交叉验证正确率(%)	预测集正确率(%)
特征波 长数据	线性核函数	99	93	96
	RBF 核函数	99	95	96
主成分 投影数据	线性核函数	99	93	96
	RBF 核函数	100	94	98

9.1.4　本节小结

本节研究的内容为在试验环境下高光谱图像技术在食用大米掺次检测中的应用,首先利用全波段光谱数据进行 SVM 建模,取得了较好的分类效果。但是在实际应用中,采用全波段光谱建模是很难实现高效、实时检测的,因此本节从特征选择与特征提取连两个角度出发,建立一种能够有效应用于实际检测中的模型。最终的试验结果表明,本节采用的特征选择与特征提取这两种方法均能有效检测出大米的掺次问题。

但是实际应用中,特征选择比特征提取更具有一定的优势,因为随着技术的发展,特征波长是可以直接通过在高光谱成像仪中加入这些特征波长对应的滤光片,从而直接得到特征波长高光谱图像,这样可以大大减少后期高光谱图像处理、光谱提取、数据建模所需的时间。相比于特征选择,特征提取是通过投影的方法将提取的光谱数据降到较低的维数,在数据建模方面是可以大量减少所需的时间,但是在高光谱图像处理和光谱提取方面的效率上并没有提升。因此,在利用高光谱成像技术检测大米掺次问题时,当特征选择方法与特征提取方法获得了类似效果的时候,应该重点考虑使用特征选择的方法。

9.2 基于高光谱图像的大米水分检测

9.2.1 样本制备

为了测定买来大米的初始水分含量,本试验采用《(GB5497—85)粮食、油料水分测定法》中105 ℃恒重法检测测定出大米的初始水分含量,测得大米的初始水分含量为13.86%。然后称取120份大米,每份50 g,平均分为10组,将其置于密封的干燥广口PP试剂瓶中,并依次在瓶身贴上标签。本试验设定同一组大米样品水分含量相同,不同组水分含量按梯度增加。第一组大米样品水分含量设定为14%,之后每一组样品水分含量按1.5%的水分浓度梯度递增。对于每一个样品先根据大米水分含量公式(9.1)求出所添加的蒸馏水的质量,在公式(9.1)中,已知样品的水分含量CMW和初始水分含量CMW_0以及样品的质量m_0,因此可以求出蒸馏水的质量m_w,然后用注射器向样品中缓慢滴入质量为m_w的蒸馏水。每次向样品中添加蒸馏水之后将样品经多次摇匀,然后密封保存于实验室阴凉干燥处24 h,使水分得到充分吸收。大米水分含量的计算公式如下:

$$CMW = \frac{m_0 \times CMW_0 + m_w}{m_0 + m_w} \times 100\% \tag{9.1}$$

式中:CMW为样品的水分含量(%);CMW_0为样品的初始水分含量(%);m_0为样品的质量(g);m_w为蒸馏水的质量(g)。

9.2.2 高光谱图像数据的采集

经过预试验确定高光谱图像采集系统的最佳参数如下:CCD相机的曝光时间为20 ms,移动平台的速度为1.25 mm/s,光谱仪的分辨率为5 nm。由于在高光谱成像系统中光源强度分布不均匀且有暗电流的存在,需要对高光谱成像系统进行黑白标定(孙俊等,2014)。试验时将大米样本均匀地平铺满广口PP试剂瓶白色小圆盖,然后将样本缓慢地放到铺有白纸的移动平台中心处,关闭控制箱暗箱门,然后对样本进行高光谱图像的采集。依次采集120个大米样本的高光谱图像。

9.2.3 感兴趣区域的提取

在高光谱数据提取之前首先需要确定高光谱图像的感兴趣区域(region of interest,ROI),ROI选取的好坏直接影响之后建立的模型预测精度。在做高光谱采集试验时,大米与瓶盖交界处会产生部分阴影区域,因此本试验利用ENVI软件通过图像分割技术将单个大米样本从背景中分离出来,试验统一在样本的中心区域手动选取大小为 30 像素×30 像素的正方形区域作为 ROI。然后求取 ROI 区域内所有像素点光谱的平均值作为该大米样本的光谱值,依次提取所有大米样本的平均光谱值。

9.2.4　数据预处理

在大米样本的采集过程中由于受硬件的影响,获取的样本数据在开始和结束时受噪声影响较大,因此本试验剔除开始 14 个波段,结束 5 个波段,最终采用的波段范围为 920.54～1 748.85 nm,利用 Matlab 软件绘制所有大米样本原始光谱曲线图,如图 9.4 所示。从图中容易看出前四个样本误差较大,手动剔除前四个样本。由于光谱数据主要受电噪音、光散射、基线漂移、光程变化等因素的干扰(郭红艳等,2016),因此本试验利用多元散射校正(MSC)对原始数据进行预处理,多元散射校正可以减少表面的散射特性对光谱产生的影响。预处理后的大米光谱曲线图如图 9.5 所示。

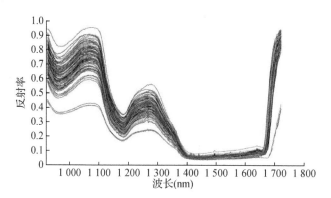

图 9.4　原始光谱曲线图

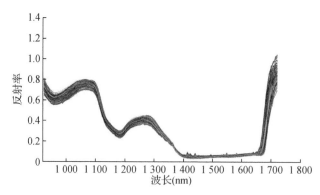

图 9.5　MSC 预处理后的光谱曲线图

9.2.5 特征波长的选取

原始高光谱数据具有波段多、数据量大、冗余性强等特点,若直接用全波段数据进行数据建模就会导致建模效率低、模型的性能差(黄双萍等,2013),因此本试验从特征选择的角度对高光谱数据进行降维。试验采用 SPSS 软件对高光谱数据进行降维,利用逐步线性回归分析(SWR)方法进行变量的筛选,最终选择出 12 个特征波长:1 163.9 nm、1 363.8 nm、1 170.7 nm、1 354.4 nm、1 594.4 nm、1 417.2 nm、1 373.2 nm、1 323.0 nm、1 345.0 nm、1 382.6 nm、1 351.3 nm、1 608.3 nm。

9.2.6 预测模型

构建 3 层结构的 BP 神经网络,其中输入层的神经元个数为 12 个,即特征波长个数,输出层神经元个数为 1,即大米的水分含量;在三层网络中,隐含层神经元个数 n_2 和输入层神经元个数 n_1 之间有近似关系:$n_2 = 2 \times n_1 + 1$(郁磊等,2015),由公式可知模型的隐含层神经元个数为 25 个。输入层到输出层的传递函数为正切 S 形传递函数,隐含层到输出层的传递函数为对数 S 形传递函数。本试验利用 Levenberg-Marquardt 算法对网络进行训练,具体网络参数设置为:训练次数 1 000 次,训练目标 0.001,学习速率为 0.1。本试验大米样本按 3∶1 的比例分为校正集和验证集,其中 87 个为校正集,29 个为预测集。利用特征波段对数据进行 BP 神经网络的建模。由于 BP 神经网络学习收敛速度太慢、不能保证收敛到全局最小点、网络结构的不易确定,我们引入遗传算法和思维进化算法对其权值和阈值进行优化,再将优化后的权值和阈值作为 BP 神经网络的初始权值和阈值进行训练,以期达到更佳的建模效果。对于 MEA-BP 模型训练结果分析,结果如图 9.6 和图 9.7 所示,其中图中的得分代表训练集均方根误差的倒数。对比图 9.6、图 9.7:当优胜子群体中各个子群体都已成熟(得分不再增加),而且在各个子群体周围均没有更好

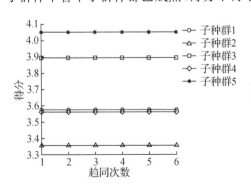

图 9.6 优胜子群趋同过程

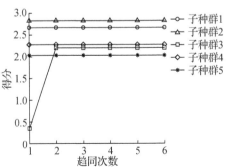

图 9.7 临时子群趋同过程

的个体,则不需要执行趋同操作。临时子群体中得分最高的子群体的分数均低于优胜子群体中任意子群体的得分,因此也不需要执行异化操作,此时系统达到全局最优值。然后按照编码规则对这个最优个体进行解码,即为 BP 神经网络的初始权值和阈值。

9.2.7　结果分析

首先利用 12 个特征波长建立 BP 神经网络的预测模型,然后引入 MEA 优化 BP 神经网络的权值和阈值进行建模,为了让 MEA-BP 预测结果更有说服力,将优化前后的建模结果与 GA-BP 建模结果进行对比,结果如表 9.3。预测集预测结果对比如图 9.8 所示,从表 9.3 和图 9.8 我们可以看出,经过 GA 和 MEA 优化后的模型的预测效果有了明显的提升,预测集的决定系数都达到了 0.92 以上。其中 MEA-BP 模型较 GA-BP 模型具有更优的模型效果,预测集决定系数达到了 0.966 3。

表 9.3　BP 与 GA-BP 和 MEA-BP 模型结果比较

模型	R_C^2	RMSEC	R_P^2	RMSEP
BP	0.891 6	0.015 2	0.866 0	0.032 0
GA-BP	0.958 2	0.008 8	0.924 4	0.012 4
MEA-BP	0.988 9	0.004 9	0.966 3	0.008 1

注:R_C^2: Coefficient of determination for calibration(校正集决定系数),RMSEC:Root Mean Square Error for Calibration(校正集均方根误差),R_P^2:Coefficient of determination for prediction(预测集决定系数),RMSEP:Root Mean Square Error for Prediction(预测集均方根误差)。

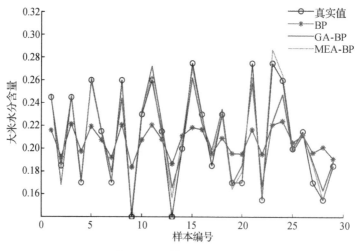

图 9.8　预测集预测结果对比

9.2.8　本节小结

首先利用高光谱图像采集系统获取 120 个大米样本的高光谱图像,采用 MSC 对高光谱数据进行降噪处理,然后通过逐步线性回归方法提取出 12 个特征波长,建立了特征波长下的 BP、GA-BP 和 MEA-BP 三种水分预测模型。经对比分析发现:经过 GA 和 MEA 算法优化后的预测模型比 BP 预测模型效果更好,校正集和预测集的决定系数均达到 0.92 以上。其中,MEA-BP 模型中,大米样本光谱数据信息与含水量的决定系数 R^2 更高(预测集 R_P^2 为 0.966 3)。由此可见,MEA-BP 模型具有更好的预测能力。结果表明,利用高光谱分析技术用于检测储藏大米的水分含量是可行的,其能够快速、有效、无损地检测大米的水分含量。

9.3　基于高光谱图像的大米淀粉检测

世界上超过一半的人口以大米为主食,其中含有大量的淀粉、蛋白质、脂肪以及一些营养元素,是人类最重要的营养和热量来源。大米淀粉以其内部结构和理化性质在大米的营养和蒸煮品质中起着重要的作用,占整个大米的 80% 左右。如何准确、快速地检测储藏大米的淀粉含量具有十分重要的意义。传统的大米淀粉鉴定方法主要集中在稻米外观上,受主观因素影响较大。开发一种有效、快速、准确、无损的大米淀粉鉴定方法具有重要意义。大米是由 C、H、O、N 等有机元素组成,这些分子的振动频率都在电磁波谱的近红外区域(Ma H L,et al,2017)。因此,不同的物质可以对近红外辐射产生特征吸收,不同波段的吸收强度与这一物质的分子结构和浓度有着相应的关系。这是近红外光谱分析样品中某些组分的含量的理论基础。

9.3.1　试验样本制备

本节的试验材料是从镇江本地农贸市场购买的新鲜大米,将样本大米去除杂质,放在密封的塑料袋中保存。然后将样本放置到实验室阴凉的地方进行实验。每隔一个月对实验大米进行采样,每次 10 个样本,每份 100 g,对其进行淀粉含量测定,一共是采样 10 次,共计 100 个样本。

根据国标《食品中淀粉的测定》(GB/T 5009.9—2008)的酸水解法作为大米样品淀粉含量检测的标准化学分析方法,按照该方法对样品进行淀粉含量检测。酸水解法的原理:样品经除去脂肪及可溶性糖类后,其中淀粉用酸水解成具有还原性的单糖,然后按还原糖测定,并折算成淀粉。所用试剂和溶液如表 9.4 所示。

表 9.4   淀粉含量检测所需试剂和溶液

试剂	溶液(g/L)	仪器
氢氧化钠溶液(NaOH)	氢氧化钠溶液(400 g/L)	水浴锅
乙酸铅(PbC$_4$H$_6$O$_2$ · H$_2$O)	乙酸铅溶液(200 g/L)	高速组织捣碎机 1 200 r/min
硫酸钠(Na$_2$SO$_4$)	硫酸钠溶液(100 g/L)	
石油醚(C$_n$H$_{2n+2}$)	盐酸溶液(1+1)	回流装置并附 250 ml 锥形瓶
乙醚(C$_8$H$_9$NO$_3$)	甲基红指示液(2 g/L)	
精密 pH 试纸:6.8~7.2	85%乙醇溶液	

$$X = \frac{(A_1 - A_2) \times 0.9}{m \times V/500 \times 1\,000} \times 100 \tag{9.2}$$

式中:X 为试样中淀粉含量(g/100 g);A_1 为测定用试样中水解液还原糖质量 (mg);A_2 为试剂空白中还原糖的质量(mg);0.9 为还原糖(以葡萄糖计)折算成淀粉的换算系数;m 为试样质量(g);V 为测定试样水解液体积(ml);500 为试样液总体积(ml)。

在重复性条件下获得的两次独立测定结果的绝对差值不得超过算术平均值的 10%。

9.3.2   高光谱图像采集

在高光谱数据采集之前需要对大米样本进行图像分割。图像分割是图像处理中最重要的步骤之一,此操作的精度决定了后续提取数据的好坏。图像分割的主要目的是把大米从背景中分离出来。大米样本图像的处理过程如图 9.9 所示。首先将实验得到的数据通过 ENVI 软件打开得到(a),由图(a)可以看出大米样本与背景之间还存在着阴影,很难把大米与背景分割开。本节用比值法解决了这个问题,用一个高反射率波段除以低反射率波段,得到了更便于设置阈值的图像。通过设定阈值把背景和大米很清晰地分开,得到了一个二进制图像(b)。然后运用形态学滤波对得到的二制图像进行填充得到图像(c)。最后通过应用掩膜处理得到了最后的结果,作为主要感兴趣区域(region of interest,ROI),提取出整个样本的平均光谱数据,如图(d)。

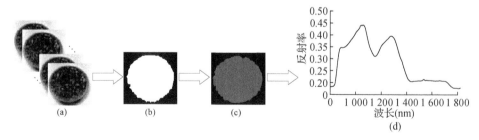

图 9.9   感兴趣区域的提取过程

9.3.3　高光谱数据预处理

因为在提取高光谱数据的时候,通常存在许多噪声等因素的干扰,所以对全波长的光谱数据进行了标准正态变量(standard normal variate,SNV)预处理,来消除其他因素的影响。预处理前后的光谱曲线如图 9.10 和图 9.11 所示,经过 SNV 预处理之后的光谱毛刺明显减少,光谱曲线更加平滑,说明预处理达到了预期的效果。减少无关信息的干扰,得到更加准确的光谱数据。

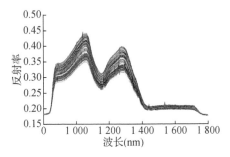
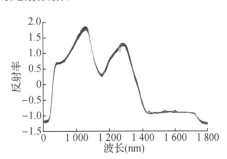

图 9.10　大米样本原始光谱图　　　　　　　图 9.11　SNV 预处理后的大米光谱图

9.3.4　高光谱数据特征波长选择

在本节中采用两种不同算法来对高光谱数据进行有效的特征选取。两种特征选取算法分别为主成分分析(principal component analysis,PCA)、连续投影算法(successive projections algorithm,SPA)。

1) PCA 选取光谱特征波长

主成分分析(PCA)是一种最常用的特征提取算法,其对高光谱数据累积贡献率如表 9.5 所示。从表 9.5 可以看出,高光谱数据累计贡献率达到了 99.904 7%。为了减少数据冗余、保持最大的光谱信息量,高光谱数据主成分数选为 6。

表 9.5　不同主成分数下 PCA 累计贡献率

主成分数	累计贡献率
1	80.190 4
2	88.602 1
3	92.928 4
4	97.918 3
5	98.162 5
6	99.904 7

2）SPA 选取光谱特征波长

连续投影算法（SPA）已成功应用于光谱特征波长提取，其基本原理是通过均方根误差，从高维光谱数据信息中提取有效的信息，滤除冗余和无关的信息。在依据均方根误差（RMSE）相对较低、提取特征波长数较少的基本原则下，高光谱数据提取得到特征波长如图 9.12 所示。经过 SPA 预处理后，高光谱数据特征波长数为 9，分别是 1 072 nm、1 123 nm、1 217 nm、1 326 nm、1 449 nm、1 500 nm、1 594 nm、1 608 nm、1 746 nm。

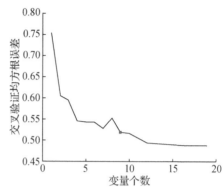

图 9.12　SPA 特征波长数

9.3.5　基于全波长光谱的模型研究

本节选用线性核函数、径向基核函数、Sigmoid 核函数作为 SVR 回归模型的核函数。基于全波长光谱建立 SVR 模型，每一组选出 5 个样本，共计 50 个作为训练集，其余 50 个样本作为测试集。训练集和测试集的结果如表 9.6 所示。

表 9.6　基于全波长光谱的大米淀粉含量模型的预测结果

Regression mode	Kernel function	Calibration set		Prediction set	
		R_C^2	RMSEC(%)	R_P^2	RMSEP(%)
SVR	Linear	0.972	0.690	0.967	1.154
	Radial basis	0.904	1.807	0.892	2.105
	Sigmoid	0.827	2.470	0.889	2.172

由表 9.6 可知，Sigmoid 核函数的 SVR 模型效果最差，都没有达到 90%。与其他模型相比，线性核函数的 SVR 模型取得了最优的效果，R_C^2 为 0.972，RMSEC 为 0.690%，R_P^2 为 0.967，RMSEP 为 1.154%。其他两类核函数的准确率都没有达到预期的效果，所以需要在光谱的预处理基础上进行合适的特征波长选择，来提高预测集的准确率。

9.3.6　基于特征波长光谱的模型研究

从全波长模型的结果并没有达到预期效果，有必要对光谱数据进行特征波长提取。本节利用 PCA、SPA 对全波长光谱数据进行特征提取，建立了新的 SVR 模型。比较表 9.6、表 9.7，新的回归模型相比全波长模型无论是在训练集和测试集准确率还是均方根误差都有明显改善。

表 9.7　基于特征波长光谱的大米淀粉含量模型预测结果

回归模型	Feature reduction	Kernel function	Calibration set		Prediction set	
			R_C^2	RMSEC(%)	R_P^2	RMSEP(%)
SVR	PCA	Linear	0.973	0.686	0.979	0.991
		Radial basis	0.989	0.445	0.991	0.669
		Sigmoid	0.904	1.807	0.869	2.043
	SPA	Linear	0.987	0.545	0.979	0.732
		Radial basis	0.969	1.125	0.946	1.211
		Sigmoid	0.917	2.534	0.911	1.975

从表 9.7 知,对比两种特征波长提取的方法,PCA-SVR 模型的效果普遍优于 SPA-SVR 模型。而相比较三种核函数而言,线性核函数的 SVR 模型效果都达到了 95% 以上,但是基于 RBF 核函数的 PCA-SVR 模型的效果达到最优,R_C^2 为 0.989,RMSEC 为 0.445%,R_P^2 为 0.991,RMSEP 为 0.669%。

9.3.7　本节小结

利用 871～1 766 nm 范围的高光谱图像系统检测大米的淀粉含量。分别建立了基于全波长光谱和 PCA、SPA 特征波长光谱的 SVR 回归模型。与全波长光谱模型相比,两种特征波长模型取得了较好的效果,有明显的改善。所有的模型中,基于 RBF 核函数的 PCA-SVR 模型的精度最高,R_C^2 为 0.989,RMSEC 为 0.445%,R_P^2 为 0.991,RMSEP 为 0.669%。结果表明,基于高光谱图像技术的大米水分含量检测是可行的,可以迅速、有效、无损地检测大米的水分含量。

参 考 文 献

朱文学,孙淑红,陈鹏涛,等.2011.基于 BP 神经网络的牡丹花热风干燥含水率预测[J].农业机械学报,42(8):128-130.

孙俊,金夏明,毛罕平,等.2014.基于高光谱图像光谱与纹理信息的生菜氮素含量检测[J].农业工程学报,30(10):167-173.

郭红艳,刘贵珊,吴龙国,等.2016.基于高光谱成像的马铃薯环腐病无损检测[J].食品科学,37(12):203-207.

赵辰,南星恒.2016.基于 MEA-BP 神经网络的财务危机预警研究[J].财会通讯,(1):43-46.

张以帅,赖惠鸽,李勇,等. 2016. 基于 MEA 优化 BP 神经网络的天然气短期负荷预测[J]. 自动化与仪表,(5):15 – 19.

黄双萍,洪添胜,岳学军,等. 2013. 基于高光谱的柑橘叶片氮素含量多元回归分析[J]. 农业工程学报,29(5):132 – 138.

郁磊,史峰,王辉,等. 2015. 智能算法 30 个案例分析[M]. 第二版. 北京:北京航空航天大学出版社:29 – 30.

Teye E, Huang X Y, Dai H, et al. 2013. Rapid differentiation of Ghana cocoa beans by FT-NIR spectroscopy coupled with multivariate classification[J]. Spectrochimica Acta Part A: Molecular and Biomolecular Spectroscopy, 114: 183 – 189.

Tarrio-Saavedra J, Francisco-Fernandex M, Naya S, et al. 2013. Wood identification using pressure DSC data[J]. Journal of Chemometrics, 27(12): 475 – 487.

Devos O, Downey G, Duponchel L. 2014. Simultaneous data pre-processing and SVM classification model selection based on a parallel genetic algorithm applied to spectroscopic data of olive oils[J]. Food Chemistry, 148: 124 – 130.

Muhammad A Shahin, Stephen J Symons. 2011. Detection of Fusarium damaged kernels in Canada Western Red Spring wheat using visible/near-infrared hyperspectral imaging and principal component analysis[J]. Computers and Electronics in Agriculture, 75(1): 107 – 112.

Ma H L, Wang J W, Chen Y J, et al. 2017. Rapid authentication of starch adulterations in ultrafine granular powder of Shanyao by near-infrared spectroscopy coupled with chemometric methods[J]. Food Chemistry, 215: 108 – 115.

Jin Xiaming, Sun Jun, Mao Hanping, et al. 2015. Discrimination of rice varieties using LS-SVM classification algorithms and hyperspectral data. Advance Journal of Food Science and Technology, 7(9): 691 – 696.

Sun Jun, Lu Xinzi, Mao Hanping, et al. 2017. A method for rapid identification of rice origin by hyperspectral imaging technology. Journal of Food Process Engineering, 40(1).

Sun Jun, Lu Xinzi, Mao Hanping, et al. 2017. Quantitative Determination of rice moisture based on hyperspectral imaging technology and BCC-LS-SVR algorithm. Journal of Food Process Engineering, 40(3).

10 鸡蛋信息检测

10.1 基于电特性的鸡蛋品种鉴别

10.1.1 材料与设备

样品来源于镇江市某大型超市 4 个品种的新鲜鸡蛋,分别为:江苏镇江洋鸡蛋、江苏镇江草鸡蛋、安徽老南沟草鸡蛋、江苏东台草鸡蛋。4 种鸡蛋的外形特征相似,不宜通过外形区分。抽样检测其新鲜度均达到 AA 级,即蛋黄指数不小于 0.42,蛋质量为 45~65 g,蛋形指数在 1.30~1.35 之间。测试前,清除蛋壳表面污渍,剔除破蛋、畸形蛋和裂纹蛋。每种鸡蛋 30 枚为一组,分为 4 组,共 120 枚鸡蛋,进行编号并标记测试电极的夹持位置。在温度 20 ℃左右,相对湿度 72%~89% 的室内环境中进行介电特性检测。

HPS2816B 型 LCR 数字电桥测量仪(测量频率为 60 Hz~200 kHz,常州海尔帕科技公司);CNC1001109912 微量天平测量仪(分辨率为 0.001 g,杭州万特衡器有限公司);MNT-150 游标卡尺(精度 0.02 mm,德国美耐特);蛋黄指数检测器(实验室自制);圆形平行板电极(泰州飞翔制造厂)。

无损测试系统主要由电极板、LCR 数字电桥测试仪、应变片、静态应变仪等组成,如图 10.1 所示。电桥仪测试介电特性,应变片提供夹持力,静态应变仪监测夹持力大小,有机玻璃板固定电极板,又不对检测时的电磁场产生干扰。

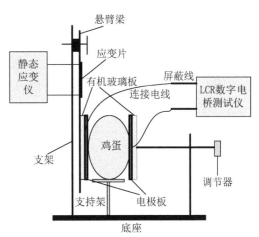

图 10.1 无损测试系统示意图

10.1.2　数据采集方法

1）鸡蛋形态的测定

选取出适当体型(蛋质量为 45～65 g,蛋形指数在 1.30～1.35 之间)的鸡蛋。用精度 0.02 mm 的游标卡尺测量蛋的最大横径和最大纵径,蛋形指数=蛋的纵径长/蛋的横径长。用精度 0.001 g 的微量天平测量仪测量整蛋的质量。

2）新鲜度的测定

在实际生产中,蛋黄指数作为一项重要指标用于评价鲜蛋品质优劣(李俊营等,2012)。保证鸡蛋的新鲜度一致,每种鸡蛋随机抽取 10 枚检测新鲜度。抽样检测新鲜度达到 AA 级,即蛋黄指数不小于 0.42。自制一个简易的蛋黄指数检测器,在室内环境中,将鸡蛋在中部轻轻打破,剥开蛋壳,将蛋液轻轻倒在洁净的玻璃板上(要求校准水平),把检测器架放在蛋液上,勿使角柱触及蛋液,然后从槽口插下直尺至蛋黄的最高点,当刚刚触及蛋黄膜时迅速读取直尺与平面相交的刻度,记为 b(cm),则蛋黄高度 $h=6-b$(6 cm 为角柱高度),移开检测器后,用透明直尺水平持在手中,目测蛋黄的宽度,也可用游标卡尺或圆规测定宽度,记取刻度 W(cm)。根据公式(10.1)计算鸡蛋的蛋黄指数(金亚美等,2015):

$$蛋黄指数/\% = \frac{h}{W} \times 100 \tag{10.1}$$

3）介电特性的测定

测量装置包括 HPS2816B 型精密 LCR 数字电桥仪,标配的夹具和定制的圆形平行板电极。实验选定测试极板为圆形铜板,厚 3 mm,直径 65 mm,与鸡蛋最大纵径相当,通过标配的夹具与电桥仪相连接。选择极板给鸡蛋的夹持力为 1 N,夹持力由应变片提供,静态应变仪监测,该力既可保证稳固夹持,又不破损鸡蛋。平行极板夹持鸡蛋有以下 2 种放置方式,如图 10.2 所示。因为竖放与横放相比较,竖放样品与极板的接触面积更大些,对极板的填充效果更好,且空气对介电参数的影响也更小些。因此,实验中都将鸡蛋竖放来测量其介电参数(张蕾等,2008)。

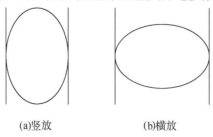

(a)竖放　　　　　　(b)横放

图 10.2　夹持方式

电桥仪的频率点选择分别为 10 kHz、12 kHz、15 kHz、20 kHz、25 kHz、30 kHz、40 kHz、50 kHz、60 kHz、80 kHz、100 kHz、120 kHz、150 kHz、200 kHz。输出信号电压 1.0 V。测量系统中数字电桥仪直接给出介质损耗因数 ε_r' 和电容 C_p，根据公式(10.2)计算：

$$\varepsilon_r' = \frac{C_p}{C_0}, \ C_0 = \frac{\varepsilon_0 S}{d} \tag{10.2}$$

式中：ε_0 为真空介电常数，$\varepsilon_0 = 8.853\,7 \times 10^{-12}$ F/m；ε_r' 为相对介电常数；C_0 为真空电容(F)；S 为极板的面积(m^2)；d 为两极板之间的距离(m)。

10.1.3   频率对介电特性的影响

测量 4 组不同品种鸡蛋的介电特性，取每组鸡蛋介电参数的平均值作为该组鸡蛋的测试值进行数据分析。利用 Matlab 绘制出鸡蛋介电参数随测量频率的变化曲线，结果如图 10.3 所示。

由图 10.3(a)可知，在 20 ℃，10～200 kHz 条件下，4 组不同品种鸡蛋的相对介电常数基本随频率的增加而下降，但在 50 kHz、100 kHz 频率点处出现反复升降现象。由图 10.3(b)可知，在 20 ℃，10～200 kHz 条件下，4 种不同品种鸡蛋的介质损耗因子也基本随频率的增加而下降；在 50 kHz 频率上也出现了反复升降现象。可以清晰地看出，鸡蛋的介电特性呈现随频率的升高而降低的趋势，但在 50 kHz、100 kHz 频率点处出现了反复升降现象。

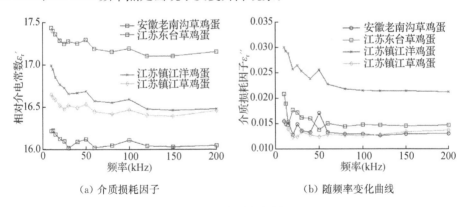

(a) 介质损耗因子   (b) 随频率变化曲线

图 10.3   相对介电常数

10.1.4   不同品种鸡蛋介电特性的差异

由图 10.3(a)可知，在 20 ℃、10～200 kHz、相同频率条件下，江苏东台草鸡蛋的相对介电常数最高；安徽老南沟草鸡蛋的相对介电常数最低；江苏镇江的 2 种鸡蛋的相对介电常数处于前两者之间，其中江苏镇江洋鸡蛋的相对介电常数要略高于江苏镇江草鸡蛋的相对介电常数。

由图 10.3(b)可知,在 20 ℃、10～200 kHz、相同频率条件下,洋鸡蛋的介质损耗因子明显大于草鸡蛋的介电损耗因子,3 种草鸡蛋的介质损耗因子相近但也存在着不同,江苏东台草鸡蛋的介质损耗因子略大于其他 2 种。

运用 SPSS 软件对不同鸡蛋介电特性数据进行显著性分析。结果显示,不同品种鸡蛋的介电特性相伴概率 P 值为 0.00。通常情况下,P 值大于 0.05 表示差异不显著;$0.01 < P < 0.05$ 表示差异显著;P 值小于 0.01 表示差异极显著。由此可以看出,不同品种鸡蛋的介电特性数据差异极显著,可以确定鸡蛋的介电特性数据也是可以用来鉴别鸡蛋。

由上分析可知,基于鸡蛋介电特性可以对鸡蛋进行无损鉴别。本实验的想法和思路是可行的,也具有实际意义。

10.1.5　SVM 分类模型

首先从 4 组不同品种鸡蛋的介电参数数据中随机选取部分样本作为训练样本集(每组 24 个,共计 96 个),余下的则作为测试样本集(每组 6 个,共计 24 个)。数据归一化处理后,利用 SVM 算法基于鸡蛋的介电参数数据,利用 SVM 4 种常见的核函数:线性核函数、多项式核函数、RBF 核函数和 Sigmoid 核函数,使用默认参数惩罚因子 $c=1$、核函数参数 $\gamma=0.1$ 进行建模分析,分类结果如表 10.1 所示。

表 10.1　不同核函数预测正确率对比

核函数类型		线性核函数	多项式核函数	RBF 核函数	Sigmoid 核函数
$\varepsilon r'$ 预测 正确率(%)	训练集	56.25(54/96)	38.54(37/96)	46.88(45/96)	38.54(37/96)
	测试集	58.33(14/24)	29.17(7/24)	54.17(13/24)	45.83(11/24)
$\varepsilon r''$ 预测 正确率(%)	训练集	76.04(73/96)	43.75(42/96)	59.38(57/96)	54.17(52/96)
	测试集	88.54(85/96)	37.50(9/24)	54.17(13/24)	41.67(10/24)
$\varepsilon r'$ 与 $\varepsilon r''$ 预测 正确率(%)	训练集	88.54(85/96)	68.75(66/96)	73.96(71/96)	60.42(58/96)
	测试集	83.33(20/24)	70.83(17/24)	79.17(19/24)	50.00(12/24)

基于 $\varepsilon r'$、$\varepsilon r''$ 数据进行建模分析,SVM 的分类结果预测正确率都较低,$\varepsilon r''$ 的预测正确率要大于 $\varepsilon r'$ 的预测正确率;基于 $\varepsilon r'$ 与 $\varepsilon r''$ 数据进行建模分析,SVM 的分类结果预测正确率有了较大提高。因此,选择 $\varepsilon r'$ 与 $\varepsilon r''$ 数据进行建模分析。

建立 SVM 分类模型既要选择合适的核函数,又要对模型参数进行寻优。在 4 种核函数(线性、多项式、RBF 和 Sigmoid)条件下,分别采用网格搜索法、遗传算法寻优法、粒子群算法寻优法对模型参数进行寻优。对比建模结果,确定 SVM 分类模型的核函数及最优模型参数(惩罚因子 c 和核函数参数 γ)(孙俊等,2015)。

SVM 模型的分类结果,如表 10.2 所示。

表 10.2 SVM 模型的分类结果

类型	寻优算法	惩罚因子 c	核函数参数 γ	时间/s	预测正确率(%)	
					训练集	测试集
线性核函数	网格搜索	24.25	0.000 98	85.06	95.83(92/96)	87.50(21/24)
	遗传算法	3.840 0	0.588 4	39.58	92.71(89/96)	95.83(23/24)
	粒子群算法	3.056 2	3.123 3	19.52	95.83(92/96)	95.83(23/24)
多项式核函数	网格搜索	79.166 7	0.001 3	50.46	92.71(89/96)	87.50(21/24)
	遗传算法	83.355 7	0.047 7	43.54	80.21(77/96)	75.00(18/24)
	粒子群算法	7.92	0.600 3	19.24	96.88(93/96)	79.17(19/24)
RBF核函数	网格搜索	111.430 5	0.047 4	71.61	95.83(92/96)	87.50(21/24)
	遗传算法	8.479 4	0.491 1	39.59	97.92(94/96)	75.00(18/24)
	粒子群算法	5.181 4	0.846 3	19.52	95.83(92/96)	75.00(18/24)
Sigmoid核函数	网格搜索	128	0.023 7	51.01	92.71(89/96)	79.17(19/24)
	遗传算法	68.775 9	0.031 5	26.20	83.33(80/96)	75.00(18/24)
	粒子群算法	1.504 2	7.155 8	21.39	46.88(45/96)	41.67(10/24)

Sigmoid 核函数的预测正确率最低,其他 3 种和函数训练集预测准确率相似,线性核函数的预测集预测正确率最高达到 95.83%(23/24)。从模型的泛化能力考虑,即同时衡量训练集和测试集的预测正确率,则线性核函数对应的模型性能最佳。因此,选取线性核函数进行建模分析。线性核函数是最佳的核函数。

10.1.6 本节小结

以线性核函数为 SVM 分类模型核函数,经过对模型参数进行寻优得到各算法优化条件下的最佳惩罚因子 c 和核函数参数 γ,以及其运行时间和预测正确率。由表 10.2 可知,经过优化后预测正确率得到较大提升,其中遗传算法与粒子群算法的优化结果预测正确率最好,正确率达到 95.83%(23/24),两者的建模分析时间分别为 39.58 s 和 19.52 s。综合模型分类准确率和建模所需时间这两性能指标来看,采用粒子群算法进行参数寻优并建立 SVM 模型的方法最优,较适合本问题的实际 SVM 建模。

10.2 基于电特性的鸡蛋品质检测

10.2.1 试验材料

购买当地养殖场当日产新鲜鸡蛋作为试验材料。2015 年 4 月 20 日购买 165

枚鸡蛋用于建立模型,5 月 26 日购买 85 枚用于模型验证。运回实验室后,再剔除破蛋、畸形蛋和裂纹蛋,前者余 120 枚,后者余 50 枚,作为后续的试验样本,再仔细清洁表面,晾干后编号。在温度 20 ℃左右,相对湿度 72%～89%的室内环境下存储。对所选取的鸡蛋样品质量数据进行统计分析,其结果如图 10.4 所示。由图 10.4 可见,鸡蛋样品质量数据服从正态分布,其中鸡蛋质量的最大值为 64.27 g,最小值为 53.47 g,平均值为 59.35 g。

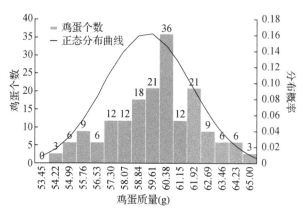

图 10.4　鸡蛋质量正态分布图

10.2.2　试验方法

试验步骤:

(1) 自 2015 年 4 月 21 日起,每隔一天,在 9:00 选取 20 日购买的鸡蛋 10 枚,保证每一枚鸡蛋完好无损;

(2) 利用介电特性无损测试系统,逐一采集鸡蛋介电特性数据,并通过试验程序提取信息;

(3) 采集介电特性数据信息完成后,打破这 10 枚鸡蛋,测量其蛋黄指数值,作为对应鸡蛋的新鲜度指标,记录每枚鸡蛋的蛋黄指数值作为试验数据;

(4) 重复上述步骤,直至鸡蛋蛋黄散黄为止(第 12 次试验时出现散黄蛋);

(5) 验证模型的准确性,结束上述步骤后,每隔一天,在 9:00 选取 5 月 26 日购买的鸡蛋 5 枚,并且保证每一枚鸡蛋完好无损;

(6) 重复上述步骤,直至鸡蛋检测完。

本次试验共测量了 170 枚鸡蛋样本的介电特性数据。将数据分为模型建立样本集(120 组)和模型检测样本集(50 组)。各个新鲜度等级的鸡蛋介电特性数据在两组样本集内均有分布。

10.2.3   数据信息采集

1) 仪器与设备

本试验采用常州海尔帕科技公司研发的 HPS2816B 型号 LCR 数字电桥测量仪,此仪器可测量电容、电阻、电感及电容损耗因子等参数,测量频率为 60 Hz~200 kHz,共 36 个测试频率。其他的主要仪器有:分辨率为 0.001 g 的微量天平测量仪;精度 0.02 mm 的游标卡尺;自制的蛋黄指数检测器;与 LCR 数字电桥测量仪相匹配的定制鸡蛋介电特性测试夹持圆形平行板电极等。无损测试系统(郭文川,2003)主要由电极板、LCR 数字电桥测试仪、应变片、静态应变仪等组成,如图 10.5 所示。电桥仪测试介电特性,应变片提供夹持力,静态应变仪监测夹持力大小,有机玻璃板用来固定电极板,且不会对检测时的电磁场产生干扰。

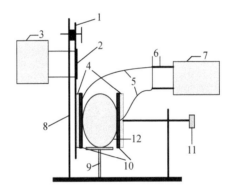

1—悬臂梁;2—应变片;3—静态应变仪;4—有机玻璃板;5—连接电线;6—屏蔽线;
7—LCR 数字电桥测试仪;8—支架;9—支持架;10—电极板;11—调节器;12—鸡蛋

图 10.5   无损测试系统示意图

2) 鸡蛋形态测定

用精度 0.02 mm 的游标卡尺测量鸡蛋的最大横径和最大纵径,蛋形指数=蛋的纵径长/蛋的横径长。用精度 0.001 g 的微量天平测量仪测量整蛋的质量。测量全部 170 个样本,鸡蛋质量为 54~65 g,蛋形指数在 1.30~1.35。

3) 新鲜度的测定

打破鸡蛋后,新鲜蛋蛋黄凸出,陈蛋蛋黄则为扁平状。这是由于蛋白、蛋黄的水分和盐类浓度不一样,两者之间形成渗透压造成的。蛋白的渗透压为 550 kPa,蛋黄的渗透压为 720 kPa。因此,蛋白中的水分不断向蛋黄中渗透,蛋黄中的盐类以相反的方向渗透。鸡蛋越新鲜则蛋黄膜包得越紧,蛋黄指数就越高;反之蛋黄指数就越低。因此,蛋黄指数可表明蛋的新鲜程度(朱曜,1985)。

自制一个简易的蛋黄指数检测器,在温度 20 ℃左右,相对湿度为 72%~89%

的环境下,将鸡蛋在中部轻轻打破,剥开蛋壳,将蛋液轻轻倒在洁净的玻璃板上(要求校准水平),把检测器架放在蛋液上,勿使角柱触及蛋液,然后从槽口插下直尺至蛋黄的最高点,当刚刚触及蛋黄膜时迅速读取直尺与平面相交的刻度,记为b,则蛋黄高度$h=6-b$(h为蛋黄高度,b为直尺与平面相交的刻度,6为角柱高度,单位都为cm),移开检测器后,用透明直尺水平持在手中,目测蛋黄的宽度,也可用游标卡尺或圆规测定宽度,记取刻度W(W为蛋黄宽度,单位为cm)。根据公式(10.3)测定蛋黄指数(吕加平等,1994):

$$YI = \frac{h}{W} \tag{10.3}$$

式中:YI为蛋黄指数。

　　一般认为可将鸡蛋分为4个等级标准(吕加平等,1994),如表10.3所示。

表 10.3　鸡蛋分等级标准

等级	蛋黄指数	哈夫单位	鸡蛋状态
AA	≥0.42	≥72	高新鲜度,适宜消费者食用
A	0.35~0.42	60~72	消费者可食用
B	0.17~0.35	31~60	不适合消费者食用
C	≤0.17	≤31	不能食用

4) 介电参数的测定

　　测量装置包括HPS2816B型精密LCR数字电桥仪,标配的夹具和定制的鸡蛋介电特性测试夹持圆形平行板电极装置。试验选定测试极板直径为65 mm,与鸡蛋最大纵径相当。选择极板给鸡蛋的夹持力为1 N,该力既可保证稳固夹持,又不破损鸡蛋。平行极板夹持鸡蛋有以下两种放置方式:竖放和横放,因为竖放置比横放置时样品与极板的接触面积大些,对极板的填充效果较好;且空气对介电参数的影响也小些(张蕾等,2008)。因此试验中都将鸡蛋竖放置来测量其介电参数。电桥仪的测量频率选择为1 kHz、1.2 kHz、1.5 kHz、2 kHz、2.5 kHz、3 kHz、4 kHz、5 kHz、6 kHz、8 kHz、10 kHz、12 kHz、15 kHz、20 kHz、25 kHz、30 kHz、40 kHz、50 kHz、60 kHz、80 kHz、100 kHz、120 kHz、150 kHz、200 kHz,输出信号电压为1.0 V。

10.2.4　频率对介电特性的影响

　　测量了不同新鲜度鸡蛋的介电特性,利用Matlab软件绘制出鸡蛋介电参数随频率的变化曲线,结果如图10.6所示。图10.6(a)、(b)分别是不同新鲜度鸡蛋的相对介电常数和介质损耗因子随频率的变化曲线图。

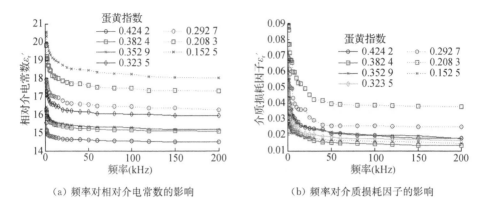

(a) 频率对相对介电常数的影响　　　　　　(b) 频率对介质损耗因子的影响

图 10.6　频率对不同蛋黄指数鸡蛋的 ε' 和 ε'' 的影响

由图 10.6(a)可以看出,鸡蛋的相对介电常数 ε' 随着测量信号频率的增大而减小。同一测量条件,相同频率下,新鲜度越低,其相对介电常数值越高。鸡蛋介电特性的变化是其内部品质变化的结果和反映,由于储存,新鲜度下降,鸡蛋浓厚蛋白的水样化使得自由水的含量增加,而水是极性分子,它有较大的介电常数,鸡蛋相对介电常数值升高。这一趋势与张蕾等(2008)对蛋品的介电特性研究一致。相对介电常数值随频率的变化趋势相同,频率小于 50 kHz 时,相对介电常数值下降较明显;频率大于 50 kHz 时,下降则较平缓。

由图 10.6(b)可以看出,鸡蛋的介质损耗因子 ε'' 随着测量信号频率的增大而减小。同一测量条件,相同频率下,不同新鲜度鸡蛋的介质损耗因子值与蛋黄指数值从图中无规律可循。金亚美等(2015)发现随着储藏时间的延长新鲜度降低,在相同频率下蛋清的介质损耗因子逐渐升高而蛋黄的介质损耗因子则降低,这样的不同变化趋势造成整体介质损耗因子没有规律。介质损耗因子值随频率的变化趋势相同,频率小于 50 kHz 时,介质损耗因子值下降较明显;频率大于 50 kHz 时,下降则较平缓。

10.2.5　新鲜度对介电特性的影响

从图 10.6 可以看出,相同频率下鸡蛋蛋黄指数与相对介电常数 ε' 相关性较好;鸡蛋蛋黄指数与介质损耗因子 ε'' 的相关性较差。运用 SPSS 软件对不同新鲜度鸡蛋介电特性参数与蛋黄指数进行显著性分析。结果显示,相对介电常数的水平 p 值为 0.002($p<0.01$),两者间存在极显著的相关性;介质损耗因子的水平 p 值为0.063($p>0.05$),两者间不存在显著相关性。因此,依据相对介电常数无损检测鸡蛋新鲜度。

基于测量的不同新鲜度鸡蛋的介电特性参数,利用 Matlab 软件绘制出鸡蛋相

对介电常数 ε' 随鸡蛋蛋黄指数的影响变化曲线,结果如图 10.7 所示。

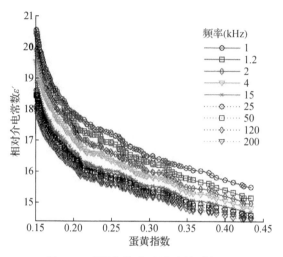

图 10.7　蛋黄指数对不同频率的 ε' 的影响

由图 10.7 也可以看出,新鲜度越低,其相对介电常数值越高。同一测量条件下,测量频率越高,其相对介电常数值越小;且不同频率下,相对介电常数值的变化趋势基本相同,这与图 10.6 所显示的信息相符合。蛋黄指数小于 0.2 时,相对介电常数值下降明显;蛋黄指数大于 0.2 时,下降则较平缓。

利用 Matlab 软件对试验数据进行多次曲线拟合,得到描述鸡蛋蛋黄指数与相对介电常数 ε' 关系的一元多次方程。不同频率下的一元多次方程拟合验证结果(选取决定系数 R^2 小于 1 且大于 0.9 的有效结果),如表 10.4 所示。

表 10.4　各频率下鸡蛋蛋黄指数与相对介电常数关系模型的决定系数

频率(kHz)	$R^2 (n=5)$	$R^2 (n=6)$	$R^2 (n=7)$	$R^2 (n=8)$	$R^2 (n=9)$	$R^2 (n=10)$
1.2	0.983	0.983	0.985	0.986	0.989	0.995
2	0.905	0.905	0.910	0.911	0.916	0.916
2.5	0.911	0.913	0.915	0.920	0.924	0.925
3	0.944	0.944	0.945	0.946	0.949	0.956
4	0.936	0.937	0.938	0.940	0.940	0.944
5	0.916	0.917	0.919	0.924	0.925	0.920
6	0.907	0.908	0.911	0.915	0.917	0.920

注:n 为方程的最高项次数。

由表 10.4 可以看出,1.2 kHz,一元十次方程的决定系数 R^2 最高,依据 1.2 kHz 下的鸡蛋相对介电常数,建立的一元十次方程检测模型能得到最准确的

蛋黄指数值,方程模型如下:

$$YI = \sum_{i=0}^{10} k_i \varepsilon^{ri}, R^2 = 0.995 \qquad (10.4)$$

式中:k_i 为系数($i=0,1,2,\cdots,10$),$k_i = -8.38 \times 10^7, 4.72 \times 10^7, -1.19 \times 10^7,$ $1.78 \times 10^8, -1.75 \times 10^4, 1.77 \times 10^4, -5.45 \times 10^2, 17.36, -0.36, 4.47 \times 10^{-3},$ -2.48×10^{-5}。

10.2.6　本节小结

选取与前面试验相同品种不同批次的鸡蛋 50 枚,用以检验所建模型的正确率。采用与上述相同的试验装置和试验步骤方法,先获取鸡蛋的介电特性数据,再试验获取鸡蛋蛋黄指数值。将数据代入所建的新鲜度检测模型关系式中,对模型关系式的计算值与实测值进行比较,结果如图 10.8 所示。鸡蛋样品的实际蛋黄指数与模型计算的蛋黄指数间的决定系数 $R^2 = 0.911\ 5$,蛋黄指数的误差为 $\pm 4.2\%$,模型较好地预测出了鸡蛋蛋黄指数值。说明模型关系式能够比较准确地描述鸡蛋蛋黄指数值与相对介电常数值之间的关系,可以用来进行鸡蛋新鲜度检测。

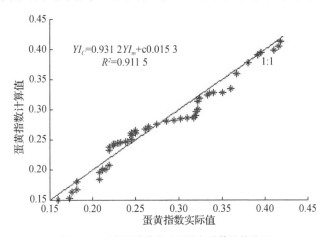

图 10.8　鸡蛋蛋黄指数实测值与计算值的关系

参 考 文 献

李俊营,詹凯,吴俊锋,等. 2012. 不同储藏方式对鸡蛋品质的影响[J]. 家畜生态学报,33(1): 47-49.

金亚美,王浩月,杨哪,等. 2015. 低频波段对鸡蛋贮藏期间介电特性的影响[J]. 中国食品学报,15(6):220-225.

张蕾,郭文川,马严明. 2008. 鸡蛋储藏过程中介电特性与新鲜品质的变化[J]. 农机化研究,

0(4):146-148.

郭文川.2003.果蔬生物体电特性的研究[D].陕西:西北农林科技大学.

朱曜.1985.禽蛋研究[M].北京:科学出版社.

吕加平,李一经.1994.蛋黄指数与哈夫单位的简易测定法[J].肉品卫生,(7):13-15.

孙俊,张梅霞,毛罕平,等.2015.基于高光谱图像的桑叶农药残留种类鉴别研究[J].农业机械学报,46(6):251-256.

孙俊,刘彬,毛罕平,等.2016.基于介电特性与蛋黄指数回归模型的鸡蛋新鲜度无损检测[J].农业工程学报,32(21):290-295.

孙俊,刘彬,毛罕平,等.2017.基于介电特性的鸡蛋品种无损鉴别[J].食品科学,38(6):282-286.

11 红豆信息检测

11.1 试验材料

11.1.1 样本制备与高光谱图像采集

试验所采用的高光谱图像采集系统的主要结构包括：高光谱图像摄像仪(ImSpector V10E, Spectral Imaging Ltd., Oulu, Finland)，2 个 150 W 的光纤卤素灯、控制箱、电控位移台、计算机等。其中高光谱图像摄像仪由摄像机和光谱仪两部分组成，摄像机为 CCD 相机，光谱仪为可见－近红外光谱仪，光谱分辨率为 2.8 nm，光谱范围是 390~1 050 nm，图像分辨率设置为 672 像素×512 像素。

试验样本采用的 3 种红豆产地分别为江苏、安徽、山东，所购红豆在外观上无明显差异。每个品种中挑选颜色均匀、无明显缺陷的红豆，将红豆表面擦拭干净，置于白纸上，并采集红豆高光谱图像，三种红豆分别获得 48 个、60 个、54 个样本。三种红豆样本按照 1∶1 的比例分成训练集和测试集，所得训练集共有 81 个样本，测试集共有 81 个样本。

首先对高光谱成像系统进行黑白标定试验，获取校正图像。为了避免采集到的高光谱图像出现失真，照相机的曝光时间为 20 ms，传输装置的移动速度设为 1.25 mm/s。在对所有样本进行高光谱图像采集试验时，将红豆样本整齐排列在一个长为 5 cm、宽为 10 cm 的长方形白纸上，然后将装上红豆的白纸放置在传输装置，随着传输装置的前进，摄像头扫描整个平面，依次对 162 个红豆样本进行高光谱图像采集。

11.1.2 高光谱图像的图像分割

图像分割是图像处理中最重要的步骤之一，此操作的精度决定了后续提取数据的好坏。图像分割的主要目的是把红豆从背景中分离出来。单个红豆图像的处理过程如图 11.1 所示。首先，经过波谱运算得到高光谱图像，其中的背景和红豆的差异并不大，用一个高反射率波段除以低反射率波段，得到了更便于设置阈值的图像(孙俊，2014)。通过设定阈值把背景和红豆很清晰地分开，得到了一个二进制图像。然后运用形态学滤波对得到的二值图像进行填充。最后通过应用掩膜处理得到了最后的结果,作为主要感兴趣区域(region of interest,ROI),被用于提取每个样品的光谱数据。

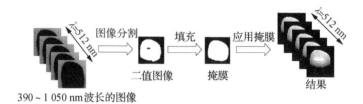

图 11.1　高光谱图像分割的过程

高光谱图像数据的采集使用 Spectral cube 软件平台(Spectral Imaging Ltd.,Finland);数据的处理采用 ENVI. 4. 5(Research System,Inc., USA)、Matlab(Mathworks,Matlab 7. 0,Inc., USA)和 Unscramble X10. 3 等软件平台。

11. 2　样本的光谱特征

在提取高光谱数据之前,首先要做的是确定样本高光谱图像的 ROI,将整个红豆样本选取为 ROI,接着对 ROI 内的所有像素点求平均,得到了所有红豆样本的平均光谱数据。本章节样本采集了 390. 8～1 050. 1 nm 波段 512 个波长的光谱数据。因为在提取高光谱数据的时候,通常存在许多噪声等因素的干扰,所以对全波段的光谱数据进行了多项式平滑(Savitzky-Golay,SG)预处理,来消除其他因素的影响。预处理前后的光谱曲线如图 11.2 所示,经过 SG 预处理之后的光谱毛刺明显减少,光谱曲线更加平滑,说明预处理达到了预期的效果。

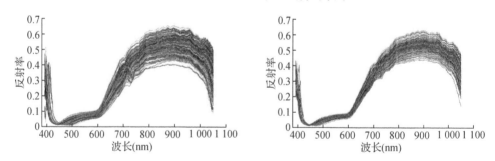

图 11. 2　SG 平滑处理前和处理后的光谱曲线

11.3 高光谱的特征选择和特征提取

高光谱数据信息量大、冗余性强,既包含样本的相关信息,也包含了一些无关的信息,不能直接对原始高光谱数据进行建模,否则就会导致数据建模效果不理想(孙俊等,2014;郭婷婷等,2009)。目前,对高光谱数据进行压缩降维的方法主要分为2种:从获得的数据中挑选出一些最有效的变量,即特征选择;通过数学方法,用较少的特征值来描述待测对象最相关的信息,即特征提取。针对特征选择,采用连续投影算法(successive projection algorithm,SPA)的方法。针对特征提取,采用主成分分析法(principal component analysis,PCA)和独立分量分析算法(independent component analysis,ICA)2种方法。

11.3.1 基于 SPA 的特征信息选择

连续投影算法是在数据矩阵中寻找含有最低限度冗余信息的变量组,使得变量之间的共线性达到最小,利用原始数据的少数几列数据就可以概括绝大部分样本的光谱信息,最大限度地减少了信息重叠(刘飞等,2009)。

参考浙江大学章海亮等编写的 SPA 程序,利用 Matlab 7.0 软件对样本的光谱数据进行 SPA 特征选择(章海亮等,2014),将 390.8～1 050.1 nm 全波段光谱数据通过 SPA 进行降维,指定波长数 N 的范围设为 5～30,根据压缩后的交叉验证均方根误差来确定光谱最佳特征波长的个数,最终确定的变量数如图 11.3 所示。

由图 11.3 可以看出,随着变量数的增加交叉验证均方根误差一直在减小,当选择 8 个波长时,交叉验证均方根误差有一

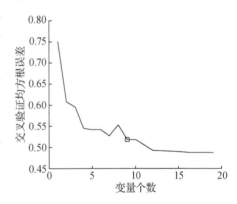

图 11.3 验证均方根误差随变量个数的变化

个明显的上升,到选取 9 个波长的时候交叉验证均方根误差又有一个下降,达到了一个相对平缓的低点,之后就没有明显的下降过程,交叉验证均方根误差也趋向于平缓。所以光谱的最佳特征波长数为 9,这些特征波长分别是 393 nm、400 nm、404 nm、448 nm、501 nm、550 nm、637 nm、709 nm、949 nm。

11.3.2 基于 PCA 的特征信息提取

主成分分析法是一种有效的压缩降维算法,已经广泛应用于光谱分析领域。

主成分分析主要是通过利用一组新的、互相无关的变量来尽可能多的解释原变量的所有信息(魏远隆等,2013)。对 3 类红豆的 162 个样本进行主成分分析,前 3 个主成分 PC1、PC2、PC3 的累计贡献率为 96%。前 3 个主成分累积贡献率均大于80%,这说明了 PC1、PC2、PC3 可以表达全部光谱信息的 80%以上。图 11.4 为PC1、PC2、PC3 组成的三维散点图。

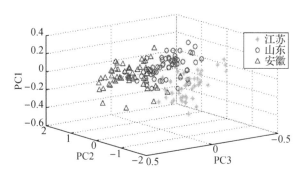

图 11.4　PC1、PC2 和 PC3 得分分布图

从图 11.4 可看出,3 个产地的红豆样本有明显的分类趋势,说明 PC1、PC2 和PC3 对 3 种红豆有较好的聚类作用,能够定性鉴别不同品种的红豆。虽然江苏、山东、安徽同属华东地区,但是红豆的生长环境(气候、土壤和温差等)还是有差距的。3 个产地的样本聚合度较好,分布都比较集中,相邻的部分交叉比较多,有个别重叠,比较难完全区分。需要对样本光谱数据作进一步处理来正确区分红豆品种。主成分分析得出的主成分 PC1、PC2、PC3、PC4、PC5 的累计贡献率分别为:85%、92%、96%、98%、99%。可以看出,前 5 个主成分的累积贡献率已经达到了 99%,这 5 个主成分可以表达全部光谱信息的 99%了,把 512 个波长压缩成了能代表绝大部分原来光谱信息且彼此互不影响的 5 个主成分。

11.3.3　基于 ICA 的特征信息提取

独立分量分析算法是近几年发展起来的一种新的统计方法,可看作是目标函数和其优化算法的结合。在目标函数明确的情况下,可采用经典的优化算法来优化目标函数。ICA 源于盲信号分离技术,基本原理是从观测信号出发,对已知信息量很少的源信号进行估计,获得互相独立的原始信号的近似值(贾伟宽等,2015;李朝晖等,2014)。ICA 提取的特征尽可能地相互统计独立,因此能全面反映图像光谱信息的全面特征。

设有观测信号 $x=\{x_1,x_2,\cdots,x_n\}$ 分别由 n 个独立成分组合,即

$$x_i=a_{i1}s_1+a_{i2}s_2+\cdots+a_{in}s_n \quad (i=1,2,\cdots,m)$$ (11.1)

用矩阵形式表达为:

$$X = A \times S \tag{11.2}$$

其中 X 表示观测变量 $[x_1, x_2, \cdots, x_m]^{\mathrm{T}}$，$A$ 表示混合矩阵 a_{ij}，s 是表示源变量 $[s_1, s_2, \cdots, s_m]^{\mathrm{T}}$。选择芬兰赫尔辛基工业大学计算机及信息科学实验室 Hyvarinen 提出的 FastICA 算法，通过 Matlab 自带的 FastICA 工具箱，调用 FastICA 程序对样本光谱数据进行特征提取，根据 FastICA 算法最优选择，分别提取了 7、10、17 个独立主成分进行建模和预测。先训练模型，然后通过测试集验证，发现当独立主成分数为 17 时，模型的效果最优，因此本节选 17 个独立主成分进行建模预测。

11.4　PNN 神经网络鉴别模型分析

　　本次试验中，PNN 神经网络用的是径向基函数，SPREAD 是径向基函数的分布密度，一般 SPREAD 默认为 0.1。对网络的分类性能有很大的影响，分别选取了不同的 SPREAD 进行了试验，试验分类的结果如图 11.5 所示。从图 11.5 中可以看出，试验样本分类的正确率随着 SPREAD 的取值的增大而变化。当 SPREAD 的取值在 0～0.03 的时候，

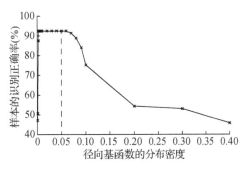

图 11.5　SPREAD 取不同值时的样本分类正确率

SPREAD 在此区间内的灵敏度较高，试验样本分类的正确率急速拉升。在 0.03～0.06 的时候，试验样本分类的正确率达到了最高，然后随着 SPREAD 的增大，正确率不断地降低。由于在 0.03～0.06 时正确率最高，而在两端的 SPREAD 都比较活跃，因此本章节取相对中间的点，即 0.05。应用 PNN 神经网络建立鉴别模型，输入层包含的 81 个节点，输入层的节点数等于训练样本的数目，本次试验中一共采集了 162 个红豆样本，测试集和训练集按照 1:1 的比例分配。求和层的节点数为 3 个，一共 3 类红豆样本，每一类对应一个节点。输出层节点数和求和层相等，它把得到最大概率密度的节点输出为 1，所对应节点的类别就是测试样本的类别，其他的节点输出为 0。

　　首先，利用 PNN 对平滑处理后得到的全波段光谱数据进行建模试验，建立的模型取得的效果一般，训练集的正确率达到 96.3%，但是测试集的正确率偏低只有 76.5%。然后分别采用 PNN 对三种特征降维方法得到的特征光谱信息进行建模试验。各个模型的建模结果如表 11.1 所示。从表 11.1 可以看出，PCA-PNN 模型处理后的测试集正确率只有 80.2%，ICA-PNN 模型在独立主成分为 17 的时候得到的测试集正确率是 83.9%，SPA-PNN 模型测试集正确率达到了 92.6%。分

别比较全波段光谱模型、SPA-PNN 模型、PCA-PNN 模型、ICA-PNN 模型这 4 类鉴别模型,PCA-PNN 模型的鉴别效果仅优于全波段光谱模型,而 ICA-PNN 模型的鉴别效果也只是比前面两个模型效果略有提高。SPA-PNN 模型的鉴别效果最佳,相对于其他三种模型效果有了显著的提升。根据模型鉴别效果,不难看出在特征提取和特征选择的方法比较中,特征提取的模型效果更好,即 SPA-PNN 模型最优。

表 11.1 PNN 与 GA-PNN 模型分类结果

模型		PNN				GA-PNN			
特征方法	特征波长数	训练集识别数	识别正确率(%)	测试集识别数	识别正确率(%)	训练集识别数	识别正确率(%)	测试集识别数	识别正确率(%)
全光谱	无	78	96.3	62	76.5	78	96.3	65	80.2
SPA	9	79	97.5	75	92.6	81	100	79	97.5
PCA	7	81	100	65	80.2	81	100	69	85.2
ICA	7	72	89	53	65.4	75	92.6	58	71.6
	10	77	95	64	79	77	95	68	83.9
	17	81	100	68	83.9	81	100	75	92.6

11.5 本章小结

利用高光谱图像采集系统,采集的山东、江苏、安徽的 3 种共 162 个红豆样本的高光谱图像数据,采用 ENVI 软件通过图像分割的方法提取整个红豆的平均光谱数据,采用 PCA、ICA、SPA 对得到的光谱数据进行特征波长的降维,结合不同的特征降维方法和 PNN 神经网络建立 4 种红豆品种的鉴别模型。相对于全波段光谱模型,3 种特征降维模型都取得了较好的效果,分类正确率均达到了 80% 以上。其中的 SPA-PNN 模型的分类正确率最高达到了 92.6%。试验结果为实现高光谱图像技术对红豆品种的鉴别提供了一定的理论依据,PNN 神经网络用于红豆品种鉴别是可行的,其能够快速、有效、无损地鉴别红豆的品种。由于红豆在中国具有非常多的品种,而本节只是针对在华东地区的红豆进行品种鉴别,模型具有一定的地域局限性,因此今后的研究中尽可能将更多的红豆品种考虑进来,建立稳定性更高、适用范围更广泛的红豆品种判别模型。

参 考 文 献

孙俊,金夏明,毛罕平,等.2014.基于高光谱图像的生菜叶片氮素含量预测模型研究[J].分析化学,42(5):672-277.

孙俊,金夏明,毛罕平,等.2014.高光谱图像技术在掺假大米检测中的应用[J].农业工程学报,30(21):301-307.

郭婷婷,邬文锦,等.2009.近红外玉米品种鉴别系统预处理和波长选择方法[J].农业机械学报,40(Z):88-92.

刘飞,张帆,方慧,等.2009.连续投影算法在油菜叶片氨基酸总量无损检测中的应用[J].光谱学与光谱分析,29(11):3079-3093.

章海亮,刘雪梅,何勇.2014.SPA-LS-SVM检测土壤有机质和速效钾研究[J].光谱学与光谱分析,34(5):1348-1351.

魏远隆,尹昌海,陈贵平,等.2013.近红外光谱结合主成分分析鉴别不同产地的南丰蜜桔[J].光谱学与光谱分析,33(11):3024-3027.

贾伟宽,赵德安,阮承治,等.2015.苹果夜视图像小波变换与独立成分分析融合降噪方法[J].农业机械学报,46(9):9-17.

李朝晖,粘永健.2014.基于独立分量分析的高光谱图像降维与压缩算法[J].计算机与数字工程,42(8):1472-1475.

孙俊,路心资,张晓东,等.2016.基于高光谱图像技术的红豆品种PNN神经网络鉴别模型[J].农业机械学报,47(6):215-221.

$\boxed{12}$ 烟草信息检测

12.1 高光谱烟叶数据采集装置

高光谱烟叶数据采集装置由便携式光谱仪、辅助光源、笔记本电脑、托盘和实验平台组成。试验采用 FieldSpec®3 便携式频谱分析仪(ASD 公司,美国)进行高光谱数据的获取,仪器采集得到的波谱范围为 350～2 500 nm。在试验样本光谱采集时,350～1 000 nm 光谱范围内,采样间隔设定为 1.4 nm、光谱分辨率为 3 nm; 1 000～2 500 nm 光谱范围内,采样间隔设定为 2 nm、光谱分辨率为 10 nm。最后,高光谱数据将以 ASCII 码的形式存储在计算机中。光谱数据处理软件为 ASD View SpecPro。高光谱数据采集装置如图 12.1 所示。

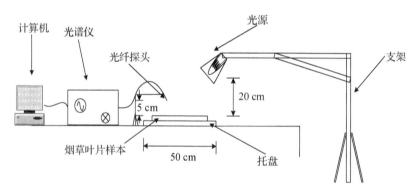

图 12.1 高光谱数据采集装置的原理示意图

光谱检测仪器的光源选择能满足光谱检测需要、宽光谱、可调光的卤素灯。实验装置采用光谱光纤探头捕获光谱信息,并通过光纤传输到光谱仪。光谱信号由光谱仪采集得到,并通过信息传输到便携式计算机中。利用光谱分析软件对高光谱数据进行计算机读取,并自动保存为二进制文件。

12.2 样品的制备及光谱数据采集

试验地点在中国山东省潍坊市烟草种植基地中进行,烟草的品种选择为烤烟。

试验时间为:2015年4月到2015年8月。首先,采用20个不同水分梯度灌溉烟草范围为0~400 mm,间隔为20 mm。同时,对总计为200株的烟草样本进行20个梯度水平的分类。在试验前,对烟草植物生长期相同部位、相同颜色美观,叶片上没有斑点,叶肉饱满的烟叶采摘得到样本集,并储存在密封袋中放置在室温下。每个梯度水平下的样本数为10,烟草样品的总数量是200。

在光谱数据采集试验中,首先将烟叶样品放在黑绒上,将光谱探头放置在样本上方垂直高度为5 cm。其中,放置烟叶的椭圆形托盘直径为50 cm。辅助光和试验平台的角度为45°,辅助光与试验平台的垂直距离为20 cm。在烟叶样品的光谱采集试验进行前,采用标准反射板测量,消除了由于光照强度等环境因素引起的系统误差。此外,在对每个烟草样本光谱采集时,每个烟草叶选取5个不同点,并且每个点采集光谱数据次数为3,最终选取平均值作为光谱测量的结果。

所有烟草样本光谱(350~2 500 nm)如图12.2所示,各水分梯度下烟草平均光谱如图12.3所示。从图12.3可以看出,烟草叶片的20种不同水分梯度的平均光谱之间存在明显差异。在光谱峰值处,不同水分梯度的平均光谱之间差异较大。因此,20个不同水分梯度下的烟草可以通过高光谱数据进行分类。

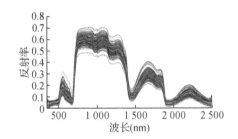 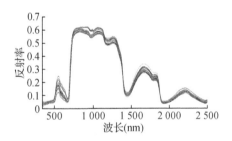

图12.2　烟草叶片样本原始光谱　　　　图12.3　20个水分梯度下的烟草叶片平均光谱

12.3　水分的测定

所有的烟草样品在微量天平(杭州万特衡器有限公司,中国)测量重量。紧接着,温度设定为80 ℃在电热鼓风恒温干燥箱(天津宏证仪器有限公司,中国)中干燥3 h。在样本干燥处理后,将样本放置为干燥器中冷却1 h后称重。本章节将干燥处理后烟草减少的重量视为烟草水分含量(Sinija,et al.,2008),其具体表达式如下所示:

$$MC = \frac{(M_1 - M_2)}{M_1} \times 100\%　　　　　　　(12.1)$$

其中:M_1是烟草植物叶片干燥前的重量;M_2是干燥后的烟草植物叶片的重量;MC

是烟草植物叶片水分含量。

不同水平梯度下烟叶平均含水率的计算结果如表 12.1 所示。从表 12.1 可以看出,各水分梯度下的烟草存在明显差异。

表 12.1 不同水分梯度下的烟草平均含水率

梯度水平	含水率(%)	梯度水平	含水率(%)
1	0.407 7	11	0.696 7
2	0.416 8	12	0.736 2
3	0.457 8	13	0.760 1
4	0.498 3	14	0.783 2
5	0.505 1	15	0.789 4
6	0.515 2	16	0.798
7	0.568 4	17	0.809
8	0.620 3	18	0.823 9
9	0.676	19	0.838
10	0.692 5	20	0.872 8

注:MC 为烟叶各标签下的烟草平均含水率。

12.4 烟叶光谱预处理

在烟叶光谱预处理分析过程主要包括两个方面:一是样品的预处理,另一个是光谱预处理。在本章节中,采用四个光谱平滑预处理算法对光谱数据进行处理,包括 Savitzky Golay 平滑(SG)(Omar Abdel-Aziz,et al,2015)、粗糙惩罚平滑(RPS)(Astrid Julliona,et al,2007)、核平滑(KS)(Calfa B A,et al,2015)和中值平滑(MS)(Nathaniel E Helwig,et al,2015)。此外,采用马氏距离(MD)(Igor Melnykov,et al,2014)、蒙特卡洛交叉验证算法(MCCV)(Khaled Haddad,et al,2013)和马氏距离与蒙特卡洛交叉验证组合算法(MD-MCCV)对样本数据进行孤立点样本剔除。最后,最佳光谱预处理方法,即最佳组合的样品预处理和光谱预处理,将根据多元线性回归分析模型的预测精度决定。

12.4.1 烟叶光谱数据预处理

采用 Savitzky Golay 平滑(SG)、粗糙惩罚平滑(RPS)、核平滑(KS)和中值平滑(MS)光谱平滑预处理来对光谱进行预处理和处理后的光谱曲线,如图 12.4 所示。这些方法不仅可以提高信噪比,又能保持光谱信息的有用的信息。

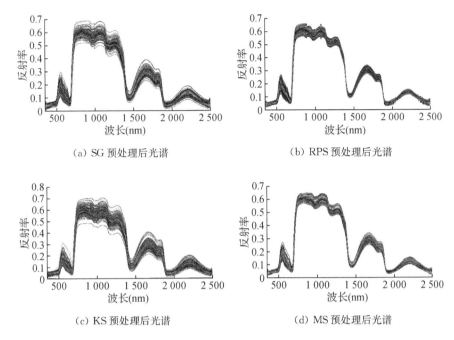

（a）SG 预处理后光谱　　　　　　　　　　　（b）RPS 预处理后光谱

（c）KS 预处理后光谱　　　　　　　　　　　（d）MS 预处理后光谱

图 12.4　不同预处理方法后烟叶样品的光谱曲线

12.4.2　烟叶光谱样本预处理

1）相关样本预处理算法

（1）马氏距离算法

马氏距离由相关特征定义计算空间中的两个数据点之间的一种度量（Lin Haijun, et al, 2014; Zhang Yong, et al, 2011; Shi Huaitao, et al, 2013）。马氏距离算法能有效地依据两点之间的权重以及相关性信息来评估得到距离信息。此外，马氏距离能够通过设定阈值来调整数据的几何分布，将相关性较大的数据点设定距离越小。因此，马氏距离算法能提高聚类或分类算法的性能。当一些训练簇的大小小于它的维度时，会产生逆协方差矩阵的奇异性问题。

因此，本章节通过计算校正集样本数据与平均光谱之间的马氏距离，并与设定的阈值相比较。从而，剔除校正集样本中孤立点样本，来提高模型的精度。

（2）蒙特卡洛交叉验证算法

蒙特卡洛交叉验证（MCCV），也称统计模拟方法，可以用来解决复杂的统计模型和高维问题（Zangian M, et al, 2015; Farah J, et al, 2015; Zavorka L, et al, 2015）。统计推断中的术语的交叉验证（CV）通常具有广泛的意义，但是，我们会使用蒙特卡洛交叉验证（MCCV）相关的通用术语来避免歧义。蒙特卡洛交叉验证算法核心是在给定的目标函数分布下,实现样本的高效抽取。

在本章节中,使用的 MCCV 算法具体步骤如下:

① 选定大约 80% 的样本作为校正集,建立 MLR 模型,并经过多次循环后得到一组预测残差。

② 依据预测残差的均值与方差,从而判断孤立点样本。

③ 利用剔除孤立点后的校正样本集建立 MLR 模型,并将剩余 20% 作预测集对模型进行验证。

（3）MD-MCCV 算法

MD-MCCV 算法是将蒙特卡洛交叉验证(MCCV)和马氏距离算法(MD)有效融合。在蒙特卡洛交叉验证(MCCV)算法进行并行的多次建模基础上,通过计算相关参数的马氏距离(MD)计算,最终得到孤立点样本集合。具体的步骤如下:

步骤 1:输入样本集 $S=\{(x_1,y_1),(x_2,y_2),\cdots,(x_n,y_n)\}$,其中 $x_i \in X$,X 表示样本数据的光谱值。y 为类别标签,$y_i \in \{1,2,\cdots,20\}$,$i=1,2,3,\cdots,n$。

步骤 2:用 SPA 算法对样本数据进行特征波长提取,得到特征波长矩阵 T。

步骤 3:将矩阵 T 划分为校正集 $T1$ 和预测集 $T2$,其中,校正集为 80%,剩余的 20% 为预测集。

步骤 4:进行异常样本校验。

① 设定 MCCV 循环次数 m,马氏距离阈值。对校正集进行 MLR 循环建模分析,得到校正集的预测残差。预测残差计算公式如下:

$$PR = \hat{y} - y \tag{12.2}$$

式中:PR 为预测残差;$\hat{y}$ 为建模预测值;y 为实际值。

② 计算预测残差的均值与方差。均值与方差计算公式:

$$M = \frac{(PR_1 + PR_2 + \cdots + PR_m)}{m} \tag{12.3}$$

$$STD^2 = \frac{(PR_1 - M)^2 + (PR_2 - M)^2 + \cdots + (PR_m - M)^2}{m} \tag{12.4}$$

式中:M 为预测残差均值;STD 为预测残差方差;PR_i 为循环第 i 次预测残差,$(i=1,2,3,\cdots,n)$;m 为 MCCV 循环次数 m。

③ 求解预测残差的均值与方差的马氏距离。马氏距离计算公式如下:

$$MD_i^2 = (x_i - \bar{x})C^{-1}(x_i - \bar{x})^T \tag{12.5}$$

$$C = \frac{1}{(m-1)}(X_c)^T(X_c) \tag{12.6}$$

式(12.5)中 MD_i 为第 i 组数据的马氏距离 MD;x_i 为第 i 组数据;$\bar{x}$ 为平均光谱。式(12.6)中 C 为协方差矩阵;X_c 为中心化光谱矩阵;m 为 MCCV 循环次数。

④ 依据设定马氏距离阈值,界定孤立点样本。

步骤 5：对剔除孤立点样本的校正集，以及剩余的预测集合进行 MLR 建模，并计算相关参数，判定模型好坏。

2）特征波长提取

连续投影算法（SPA）可以从光谱信息中查找到多组变量的信息，使各变量之间的线性关系达到最小。同时，它可以大大减少在建模中使用的变量数，提高模型的速度和效率。因此，本文采用了 SPA 算法对原始光谱数据以及 4 种预处理后进行特征提取，提取的特征波长数据如表 12.2 中所示。

表 12.2 SPA 算法提取得到的特征波长数据

预处理算法	NO.	特征波长(nm)
Raw data	7	648,826,883,1 002,1 593,2 367,2 369
SG	6	632,826,881,1 601,1 925,2 343
RPS	7	711,800,825,1 000,1 708,1 882,2 381
KS	6	608,828,890,2 009,2 431,2 491
MS	8	594,629,726,783,1 309,1 604,2 216,2 283

注：NO. 为提取得到特征波长的总数。

3）样本预处理

本章节中选取 80% 预处理后的光谱数据作为校正集，其余的 20% 将被用来作为预测集。其中，仅对校准集样本进行孤立点样本剔除。本文采用了三种算法对平滑处理后光谱进行异常样本界定，包括马氏距离算法、蒙特卡洛交叉验证算法以及 MD-MCCV 算法。当采用 MD 算法进行孤立点样本剔除时，阈值设定为 3。采用 MCCV 算法进行界定孤立点样本时，循环次数为 1 500 次。采用 MD-MCCV 算法界定孤立点样本时，循环次数设定为 1 500 次，STD 与 MEAN 设定的马氏距离阈值为 2。使用 3 种算法剔除孤立点样本分布如表 12.3 所示。

表 12.3 采用 MD、MCCV 和 MD-MCCV 算法剔除孤立点样本结果

预处理算法	NO. 1	NO. 2	NO. 3
MD-SPA-RD	160	157	3
MD-SPA-SG	160	154	6
MD-SPA-RPS	160	151	9
MD-SPA-KS	160	152	8
MD-SPA-MS	160	144	16
MCCV-SPA-RD	160	153	7
MCCV-SPA-SG	160	150	10
MCCV-SPA-RPS	160	149	11
MCCV-SPA-KS	160	145	15
MCCV-SPA-MS	160	149	11
MD-MCCV-SPA-RD	160	146	14
MD-MCCV-SPA-SG	160	137	23

续表 12.3

预处理算法	NO. 1	NO. 2	NO. 3
MD-MCCV-SPA-RPS	160	133	27
MD-MCCV-SPA-KS	160	140	20
MD-MCCV-SPA-MS	160	133	27

注:RD 为原始数据;NO. 1 为校正集样本数量;NO. 2 为剔除孤立点样本后校正集样本数量;NO. 3 为孤立点样本剔除数量。

12.5　烟叶光谱 MLR 模型

　　本章节对剔除孤立点样本后的校正集进行 MLR 模型的建立,并采用预测集对模型性能进行验证。MLR 建模分析的结果如表 12.4 中所示。从表 12.4 中,我们可以看出不同的预处理算法对所建立的 MLR 模型的性能具有不同的影响。一部分预处理算法可以提高 MLR 模型的性能,但也有一些算法降低了 MLR 模型的性能。从样本数量来看,平滑预处理算法、MCCV 算法以及 MD-MCCV 算法剔除独立点样本数较少。从预测准确率来看,MD-MCCV 算法所建立的 MLR 模型性能要优于 MD 算法以及 MCCV 算法所建立的 MLR 模型。其中,MD-MCCV-MS 算法组合所建立的 MLR 模型性能最佳。MD-MCCV 算法能有效提高 MLR 模型的性能。此外,在所有的建立的烟草水分 MLR 预测模型中,MD-MCCV-MS 算法组合所建立的 MLR 模型性能最佳。

表 12.4　不同预处理算法所建立的 MLR 模型性能比较结果

模型	预处理算法	R_C^2	R_{CV}^2	R_P^2	RMSEC	RMSECV	RMSEP
1	RD	0.253 4	0.116 3	0.086 5	0.129 0	0.142 7	0.183 2
2	SG	0.404 9	0.386 5	0.356 4	0.133 9	0.140 2	0.175 3
3	RPS	0.397 5	0.375 6	0.348 7	0.131 4	0.146 7	0.174 3
4	KS	0.384 5	0.367 5	0.352 1	0.136 1	0.148 4	0.172 1
5	MS	0.526 8	0.502 3	0.496 5	0.098 9	0.113 2	0.136 1
6	MD-RD	0.335 4	0.308 7	0.285 6	0.013 3	0.014 4	0.024 2
7	MD-SG	0.662 7	0.617 6	0.602 3	0.014 3	0.015 5	0.025 4
8	MD-RPS	0.568 6	0.557 4	0.533 8	0.027 7	0.029 9	0.036 6
9	MD-KS	0.570 1	0.563 2	0.466 2	0.021 9	0.023 2	0.028 6
10	MD-MS	0.795 8	0.785 6	0.759 4	0.005 1	0.005 8	0.009 4
11	MCCV-RD	0.529 2	0.506 2	0.489 7	0.137 5	0.151 5	0.142 4
12	MCCV-SG	0.754 7	0.737 6	0.716 5	0.132 0	0.141 6	0.115 4
13	MCCV-RPS	0.716 2	0.708 4	0.698 2	0.128 6	0.138 4	0.116 6
14	MCCV-KS	0.751 1	0.743 1	0.739 0	0.134 8	0.145 0	0.118 6
15	MCCV-MS	0.861 3	0.854 9	0.832 3	0.114 7	0.125 5	0.093 5
16	MD-MCCV-RD	0.733 1	0.716 5	0.687 6	0.135 1	0.147 3	0.142 2
17	MD-MCCV-SG	0.877 1	0.854 3	0.840 1	0.134 4	0.144 5	0.135 5

模型	预处理算法	R_C^2	R_{CV}^2	R_P^2	RMSEC	RMSECV	RMSEP
18	MD-MCCV-RPS	0.873 4	0.833 1	0.803 0	0.131 4	0.142 7	0.127 4
19	MD-MCCV-KS	0.868 4	0.826 1	0.811 7	0.132 6	0.144 4	0.143 3
20	MD-MCCV-MS	0.944 4	0.927 7	0.913 2	0.116 9	0.129 3	0.116 2

12.6　本章小结

本章节采用 FieldSpec®3 便携式光谱仪对不同水分梯度下的烟叶进行 350～2 500 nm 波长范围的光谱采集。此外,提出了一个将马氏距离和蒙特卡洛交叉验证法结合的 MD-MCCV 算法对 20 种不同水分梯度下烟草样本进行孤立点样本剔除。本章节中采用 4 种不同光谱平滑预处理算法对光谱数据进行处理,分别为 SG、RPS、KS、MS。随后,采用 MD、MCCV 和 MD-MCCV 算法对原始光谱以及 4 种不同预处理算法处理后光谱进行孤立点样本剔除。最后,对 20 种不同预处理算法组合后的光谱进行 MLR 建模分析。通过比较 20 个 MLR 模型的预测指标,结果表明,MD-MCCV 算法与 MD 算法、MCCV 算法以及无样本预处理算法相比,能有效地消除孤立点样本,并取得最佳的 MLR 预测模型。在建立的 20 个 MLR 预测模型中,最佳的预处理算法组合为 MD-MCCV-MS(R_P^2=0.913 2 和 RMSEP=0.116 2)。综上所示:在对 20 个梯度水平下的烟叶水分独立点样本处理中,MD-MCCV 算法处理效果要优于 MD 算法、MCCV 算法以及无样本预处理算法。MD-MCCV 算法能有效实现孤立点光谱样本的剔除。

参 考 文 献

Sinija, V R, Mishra, H N. 2008. FTNIR spectroscopic method for determination of moisture content in green tea granules[J]. Food and Bioprocess Technology, 4(1): 136 - 141.

Omar Abdel-Aziz, Maha F Abdel-Ghany, Reham Nagi, et al. 2015. Application of Savitzky-Golay differentiation filters and Fourier functions to simultaneous determination of cefepime and the co-administered drug, levofloxacin, in spiked human plasma[J]. Spectrochimica Acta Part A: Molecular and Biomolecular Spectroscopy, (139): 449 - 455.

Astrid Julliona, Philippe Lambert. 2007. Robust specification of the roughness penalty prior distribution in spatially adaptive Bayesian P-splines models [J]. Computational Statistics & Data Analysis, (51): 2542 - 2558.

Calfa B A, Grossmann I E, Agarwal A, et al. 2015. Data-driven individual and joint chance-constrained optimization via kernel smoothing [J]. Computers and Chemical

Engineering, (78): 51 - 69.

Nathaniel E Helwig, Yizhao Gao, et al. 2015. Analyzing spatiotemporal trends in social media data via smoothing spline analysis of variance. Spatial Statistics. DOI: http://dx. doi. org/10. 1016/j. spasta.

Igor Melnykov, Volodymyr Melnykov. 2014. On K-means algorithm with the use of Mahalanobis distances[J]. Statistics and Probability Letters, (84): 88 - 95.

Khaled Haddad, Ataur Rahman, Mohammad A Zaman, et al. 2013. Applicability of Monte Carlo cross validation technique for model development and validation using generalised least squares regression[J]. Journal of Hydrology, (482): 119 - 128.

Velo A, Pérez F F, Tanhua T, et al. 2013. Total alkalinityestimation using MLR and neural network techniques[J]. Journal of Marine Systems, (111 - 112): 11 - 18.

Lin Haijun, Zhang Huifang, Gao Yaqi, et al. 2014. Mahalanobis Distance Based Hyperspectral Characterisitic Discrimination of Leaves of Different Desert Tree Species[J]. Spectroscopy and Spectral Analysis, 12(34): 3358 - 3362.

Zhang Yong, Huang Dan, Ji Min, et al. 2011. Image segmentation using PSO and PCM with Mahalanobis distance[J]. Expert Systems with Applications, 38: 9036 - 9040.

Shi Huaitao, Liu Jianchang, Xue Peng, et al. 2013. Improved Relative-transformation Principal Component Analysis Based on Mahalanobis Distance and Its Application for Fault Detection[J]. Acta Automatica Sinica, 9(39): 1533 - 1542.

Zangian M, Minuchehr A, Zolfaghari A. 2015. Development and validation of a new multigroup Monte Carlo Criticality Calculations (MC3) code[J]. Progress in Nuclear Energy, 81: 53 - 59.

Farah J, Bonfrate A, De Marzi L, et al. 2015. Configuration and validation of an analytical model predicting secondary neutron radiation in proton therapy using Monte Carlo simulations and experimental measurements[J]. Physica Medica, 31: 248 - 256.

Zavorka L, Adam J, ArtiushenkoM. , et al. 2015. Validation of Monte Carlo simulation of neutron production in a spallation experiment [J]. Annals of Nuclear Energy, 80: 178 - 187.

Sun Jun, Zhou xin, Wu xiaohong, et al. 2016. Identification of Moisture Content in Tobacco Leaves using Outlier Sample Eliminating Algorithms and Hyperspectral Data [J]. Biochemical and Biophysical Research Communications, 471(2): 226 - 232.

13 玉米信息检测

13.1 试验与数据采集

13.1.1 仪器与设备

试验采用常州海尔帕科技公司研发的 HPS2816B 型号 LCR 数字电桥测量仪,此仪器可测量电容、电阻、电感及电容损耗因子等参数,测量频率为 60 Hz～200 kHz,共 36 个测试频率。其他主要仪器有:分辨率为 0.001 g 的微量天平测量仪(杭州万特衡器有限公司),精确度为 0.01 mm 的厚度测量仪,电热鼓风干燥箱一台及自制夹持平行电极板。

自制夹持平行电极板,传统的电极板常用于测量固体或不易形变的物体,且在测量物体时需要电极板与被测物体紧密接触。由于植物叶片柔软且易形变,传统的电极板测量叶片时,无法控制叶片受到的压力大小,易出现两电极板间压力太小,无法夹紧叶片,使两极板间混入空气影响测量精度;两电极板间压力过大,使叶片受损形变,增大测量误差。因此,自制一种压力合适的电极板尤为重要。

应用于本试验的自制平行电极板满足以下条件:

(1)自制平行电极板夹持待测样本时,应保持稳定,以便记录数据(因为与电极板连接的是 LCR 测量仪,细小的变化都会引来参数的变化,因此需保证电极板与待测样本保持稳定);与此平行电极板连接的 LCR 测量仪读数应逐渐收敛稳定。

(2)两电极板夹住叶片,稳定 5 min 左右,取出叶片,若叶片表面没有挤压的痕迹,说明叶片没有受损形变,电极板与叶片接触压力不大。

(3)两电极板夹住叶片一段时间(30 s)后,用力将叶片抽出两电极板间,即使叶片损坏也无法将叶片抽出两电极板间,说明两电极板与叶片接触很密切。

试验采用的自制夹持平行电极板由夹力较弱的塑料小型夹子,两片直径 20 mm、厚约 1.5 mm 的坚硬圆形铜板,两细长的圆柱形小金属条及两根导线构成。

具体制作方法:分别打磨两电极板的其中一面使其足够平滑,将两极板非打磨面中心与两短小金属条用锡焊连接。将塑料夹子顶部两夹口中心都挖出一个小孔

（此小孔大小与短细小金属条横截面大小吻合），将两短小金属条分别装入塑料夹口中心的小孔处。旋转控制金属条方位使两光滑的电极板各部位能够完全对齐且同时闭合。并且，测试此自制平行电极板是否符合上述三个条件，若符合，将金属条与塑料夹子用黏合剂固定。具体实物图如图 13.1 所示。

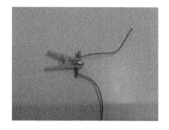

图 13.1　自制平行电极板实物图

13.1.2　试验材料

　　玉米栽培于镇江市京口区丹徒路某农田，玉米品种为苏玉 19。在子粒形成期之前，对所有玉米适量施水。为得到不同含水状况的玉米叶片，在进入子粒形成期后，将所有玉米植株分成 4 组，对其中三组玉米依次按照充足、适量、少量三种灌溉程度进行施水，并两天浇一次水，持续 10 天；剩余一组不施水。第 10 天，选取每组玉米 70 株，每株玉米采用 1 片同叶位（玉米株的中部）叶片，共采取 280 片玉米叶片。因整个玉米叶片面积很大，故在试验前将每片叶片中部剪出 1 个边长为 30～35 mm 的矩形样本，共采集 280 个样本。

13.1.3　试验方法与步骤

　　打开 LCR 测量仪，将其调节到 Cp-D（Cp 为测量并联电容、D 为损耗因子）挡位，将自制夹持平行电极板与 LCR 测量仪连接，等待 10 min 使整个装置稳定。

　　将整个装置放入 25 ℃环境中，进行全频率开路清零。开路清零结束后将样本放入自制夹持平行电极间，并将 LCR 测量仪测量频率调至 60 Hz，待 Cp 读数数据变化误差＜0.5％（Cp 数据随着时间会逐渐平稳收敛，且所有频率点都测量完成总耗时为 100 s 左右）时，开始记录 Cp 与 D 数据；然后调节频率至 80 Hz 稳定 3 s 记录 Cp 与 D 数据。直至调节频率至 200 kHz 记录数据。然后，将叶片与电极板接触边缘做一个标记，将叶片从电极板处取下，根据标记处测量叶片与电极板接触处四个方位及中心部位的厚度。最后，测量叶片样本的重量。至此，一个样本数据测量完毕。将所有样本按照上述步骤处理，最终将所有叶片放入 120 ℃烘箱内 10 小时烘干，并依次记录不同样本对应的叶片干重。

13.1.4　介电常数计算

　　由自制平行电极板及 LCR 数字测量仪测得样本并联电容及损耗因子；根据固定平行板电极大小计算面积；由厚度测量仪测出样本的五个方位的厚度，以平均厚度作其厚度。根据平行板电容器原理即可计算得出叶片的相对介电常数 ε' 和介电损耗因子 ε''。

13.1.5 湿基含水率的测量

本试验以湿基含水率来评判玉米叶片的含水量情况。湿基含水率公式如式(13.1)所示。

$$湿基含水率 = \frac{叶片鲜重 - 叶片干重}{叶片鲜重} \times 100\% \qquad (13.1)$$

13.2 数据分析

图 13.2、图 13.3 分别是不同湿基含水率下 ε' 与 ε'' 随测量频率的变化曲线图。在 60 Hz～200 kHz 频率范围内,玉米叶片的 ε' 与 ε'' 随着测量频率的增大而减小。相比低频率下的 ε' 变化,高频率下的 ε' 减小幅度较慢。从图 13.3 对数表中可以看出,ε'' 变化较为稳定。同一频率下,不同样本的 ε' 与 ε'' 受湿基含水率的影响不同。一般情况下,玉米叶片的湿基含水率越高,同频率下的 ε' 与 ε'' 越大。这主要是由于介电特性玉米受叶片的湿基含水率的影响较其他因素更为显著。

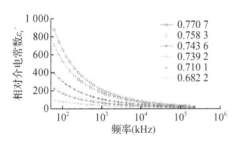

图 13.2 不同湿基含水率下频率对玉米叶片相对介电常数 ε' 的影响

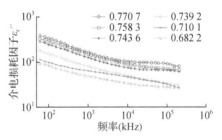

图 13.3 介电损耗因子 ε'' 随频率与湿基含水率的变化曲线

13.3 数学建模

13.3.1 线性建模

1) 应用 SWR 选取特征变量

逐步回归法(SWR)本身即可作为一种变量选取方法和回归方法相结合的回归建模方法,本文只运用逐步回归法的变量选取方法。应用 SPSS 软件将训练样本数据进行逐步回归法(SWR)选取特征频率变量,设置显著性检验系数 $F > 3.84$ 时变量进入模型;变量回判时,模型的 $F < 2.71$ 的变量剔除出模型。由于变量个数的增加导致模型复杂度上升,可能会影响模型的预测精度,因此,在保证模型显著

性的情况下，选择尽量少的变量个数，据此条件进行变量的选取。

表 13.1 为 ε'、ε'' 及两者融合信息的三种信息变量进行的逐步回归法选取特征变量的指标及结果。表 13.1 中，由 sig. 可以看出介电参数 ε' 与 ε'' 能够对湿基含水率进行十分显著的表征，说明逐步回归法可较好地提取特征频率点，选取相关性较强的变量组合并剔除信息重叠的变量。最终可用较少的变量代表整个模型的信息，达到对数据的简化，降低模型的复杂度的目的。从研究对象看，ε' 与 ε'' 结合的融合信息建立的模型效果最好，组合模型将原有的 72 个频率点变量精简到 6 个，极大降低了模型的复杂度，并且模型的 R_P^2 及 $RMSEP$ 较 ε' 与 ε'' 单个信息变量建立模型都有明显的提升。表明虽然单一对象建模能够取得良好的效果，但两种对象建模的效果明显优于单一对象，说明两种对象之间均有促使另外一种对象互补的频率变量。

表 13.1　逐步回归法选取特征变量

研究对象	选取变量数	模型	R^2	RMSE	sig.
ε'	5	1	0.497	0.031 4	0.000
		2	0.62	0.027 5	0.000
		3	0.707	0.025 5	0.000
		4	0.753	0.023 1	0.000
		5	0.772	0.021	0.000
ε''	4	1	0.446	0.033 3	0.000
		2	0.583	0.029 4	0.000
		3	0.704	0.025 4	0.000
		4	0.736	0.023 8	0.000
		5	0.731	0.024 1	0.000
		6	0.743	0.022 4	0.000
ε' 与 ε''	6	1	0.497	0.031 4	0.000
		2	0.62	0.027 5	0.000
		3	0.774	0.021 3	0.000
		4	0.837	0.018 1	0.000
		5	0.855	0.017 3	0.000
		6	0.866	0.016 1	0.000

2）应用 MLR 建立回归模型

将玉米叶片的 ε'、ε'' 及两者结合的融合信息三种信息变量分别进行全频率与 SWR 特征频率变量选取，将两种不同频率变量分别建立多元线性回归模型

(MLR)，其中以训练集建立模型，以测试集验证模型。并以测试集决定系数 R_P^2、测试集均方根误差 RMSEP 及测试集最大残差 RESPmax 三种参数作为评测模型的标准。

表 13.2 为应用 MLR 对三种信息变量的全频率变量及 SWR 特征频率变量建模参数。从表中看出所有模型均能在一定程度上反映样本的内部信息。应用 ε' 与 ε'' 结合的融合信息经 SWR 与 MLR 结合建模得到最大 R_P^2（0.695）和最小 RMSEP（0.022 1）。

表 13.2 MLR 模型参数

研究对象	频率选择	变量数	训练集			测试集		
			R_C^2	RMSEC	RESC$_{max}$	R_P^2	RMSEP	RESP$_{max}$
ε'	全频率	36	0.772	0.021 0	0.050 6	0.583	0.030 3	0.117
	SWR	5	0.775	0.021 0	0.048 9	0.599	0.024 3	0.054
ε''	全频率	36	0.743	0.022 4	0.068 9	0.522	0.028 3	0.075 3
	SWR	4	0.720	0.023 6	0.048 8	0.594	0.025 3	0.073 5
ε' 与 ε''	全频率	36	0.866	0.016 1	0.041 9	0.612	0.026 7	0.065 9
	SWR	6	0.834	0.018 1	0.04	0.695	0.022 1	0.049 8

从 R_P^2 与 RMSEP 可以看出，ε' 与 ε'' 结合的融合信息变量较单一信息变量更能较好地预测玉米叶片的湿基含水率。这是由于两种单一信息变量之间在一定程度上能够互补，增大变量之间的相关性。ε' 与 ε'' 结合的融合信息能够更加精确而全面地反映介电特性与湿基含水率之间的关系。

从 RESP$_{max}$ 角度观察，仍然存在个别样本具有较高的残差，主要是样本之间的差异性决定的，由于数据建模时，模型未能将所有的样本信息（包含未知样本）都包含在模型内。因此在预测未知样本时，个别未知样本超出了模型的检测范围，出现个别残差较大的情况。

从全频率变量与 SWR 选取的特征频率变量可以看出，全频谱变量虽完整较好地保留了数据的原始信息，但仍然存在一定的噪声干扰、数据重叠等问题，导致模型复杂度增大，精确度降低。同时，SWR 虽消除了大量的重叠信息变量，增大了模型的拟合度，但 R_P^2 均未超过 0.70，预测精度仍待提高。

13.3.2 非线性建模

1）应用 SPA 选取特征变量

将训练样本根据 Matlab 软件进行连续投影算法（SPA）运算，为了保证模型性能的准确度，预设选取的变量数为 3~20，并在保证模型性能稳定的前提下，选取尽可能少的变量数。以均方根误差（RMSEC）作为 SPA 选取变量数的标准，即 RMSEC 越小表示对应选取的变量数建模越优良。当 RMSEC 下降到一定程度趋于稳定时，选取此时的变量数及对应的频率点变量。

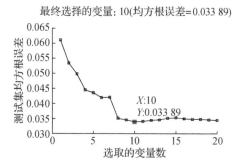

图 13.4　RMSEC 随 SPA 选取特征变量数的变化

图 13.4 为 ε' 与 ε'' 结合的融合信息应用 SPA 选取特征变量的变化曲线图，以 RMSEC 作为其评判标准。从图中可以看出，随着选取的变量数的增加，RMSEC 逐渐降低。当选取变量数为 10 后，RMSEC 变化甚微。故选取 10 个变量，并得到最小 RMSEC（0.033 89）。

2）应用 SVR 建立回归模型

选择稳定性和准确性较好的 RBF 核函数作为 SVR 核函数。应用 RBF-SVR 回归方法建立模型时，为保证模型的参数优化，将训练集通过 40 折网格搜索（2^(－10)～2^10，间隔 2^0.5）对参数进行寻优，确定 SVR 的惩罚因子 c 和核参数 g。

将玉米叶片的 ε'、ε'' 及两者结合的融合信息三种信息变量分别进行全频率与 SPA 特征频率变量选取，将两种不同频率变量分别建立最佳参数优化的 SVR 模型，其中以训练集建立模型，以测试集验证模型。并以测试集决定系数 R_P^2、测试集均方根误差 RMSEP 及测试集最大残差 $RESP_{max}$ 三种参数作为评测模型的标准。

表 13.3 为三种信息变量经全频率变量与 SPA 特征变量选取由 SVR 建模的参数表。从表中测试集 R_P^2 可以看出所有模型均能在一定程度上反映样本的内部信息。整体来看，ε' 与 ε'' 二者结合的信息变量应用 SPA 与 SVR 结合建模方法建立最佳的模型，其中 R_P^2 为 0.798，RMSEP 为 0.017 2，较其他模型拥有更高的准确度及更低的误差。

从 c、g 参数优化来看，不同信息变量在进行参数优化时结果也不同，主要是由于在进行 40 折网格搜索时，将网格 c、g 坐标参数代入 SVR 进行训练集建模，并选择训练集中最小的均方根误差来选择最佳 c、g 参数。由于不同信息变量拥有不同的训练集建模数据，因此优化的最佳 c、g 参数也不同。

表 13.3 SPA 与 SVR 模型预测参数

研究对象	变量选择	变量数	优化参数		训练集			测试集		
			c	g	R_C^2	RMSEC	$RESC_{max}$	R_P^2	RMSEP	$RESP_{max}$
ε'	全频率变量	36	16	1	0.912	0.013 1	0.042 3	0.658	0.023 3	0.089 4
	SPA	10	11.314	2.828	0.908	0.014 2	0.036 1	0.698	0.023 4	0.102
ε''	全频率变量	36	128	0.015 6	0.673	0.025 4	0.093 8	0.463	0.029 0	0.086 8
	SPA	8	724.077	0.011	0.683	0.025 0	0.061 4	0.564	0.025 5	0.064 6
ε' 与 ε''	全频率变量	72	5.657	0.125	0.938	0.011 5	0.030 7	0.735	0.020 4	0.062 0
	SPA	10	4	4	0.939	0.011 0	0.036 9	0.798	0.017 2	0.040 7

从研究对象看，ε' 与 ε'' 结合的融合信息变量较单一的信息变量拥有更好的预测湿基含水率的能力。主要是由于 ε' 与 ε'' 结合的融合信息变量之间在一定程度上能够达到互补，经 SPA 选取最佳变量时，可以将互补的变量结合在一起，使其拥有最小的均方根误差，提高模型的性能。更加精确而全面地反映介电特性与湿基含水率之间的关系。

从变量选取角度观察，三种信息变量经 SPA 建模均能在一定程度上精简变量数据，并提高模型的预测精度。其中 ε' 与 ε'' 结合的融合信息运用 SPA 可将原 72 个变量精简到 10 个，得到最高的变量应用率。

从 R_P^2 与 RMSEP 来看，ε' 与 ε'' 结合的融合信息经 SPA 与 SVR 建模拥有最高的预测精度，R_P^2 为 0.798，表明此模型可较为精确地预测未知样本的湿基含水率。但从残差数据 $RESP_{max}$ 来看，和线性回归模型相似，仍然存在个别样本具有较高的残差，这主要是由样本的差异性导致的。

13.4 本章小结

通过上述分析，ε' 与 ε'' 在一定程度上均能对玉米叶片湿基含水率进行预测分析；相比较于单一变量，两种信息融合变量更能在一定程度上达到回归互补，增加模型的预测准确率。线性回归与非线性回归都能够在一定程度上反映介电特性与湿基含水率之间的关系，总体来看，应用非线性回归建模能够得到更好的模型。但在一定程度上，运用线性回归可得到更少的建模变量，并能在一定程度上用公式的形式将模型表达出来，更加直观形象具体。运用非线性回归建模能够得到最佳的模型，拥有最高的预测精度和最小的均方根误差。最终选定以 ε' 与 ε'' 结合的融合信息应用 SPA 与 SVR 联合建模的方法作为研究玉米叶片介电特性与湿基含水率关系的方法。ε' 与 ε'' 结合的融合信息经非线性回归模型测试集效果如图 13.5 所示。

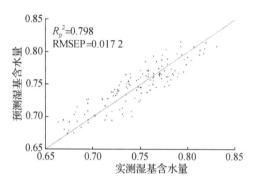

图 13.5　ε' 与 ε'' 融合信息的非线性回归模型测试集结果

　　笔者在应用线性回归建模时,也应用了偏最小二乘回归方法,其结果与本章节中的线性回归结果十分相似,故本章节中不再作比较;在应用 RBF-SVR 建模时,也应用了其他的三种核函数方法,训练集结果均不太理想,亦不再在本章节中多做比较。

参 考 文 献

介邓飞,谢丽娟,饶秀勤,等.2013.近红外光谱变量筛选提高西瓜糖度预测模型精度[J].农业工程学报,29(12):264-270.

张晓东,毛罕平,左志宇,等.2011.基于多光谱视觉技术的油菜水分胁迫诊断[J].农业工程学报,27(3):152-157.

商亮,谷静思,郭文川,等.2013.基于介电特性及 ANN 的油桃糖度无损检测方法[J].农业工程报,29(17):257-264.

孙俊,金夏明,毛罕平,等.2014.基于高光谱图像光谱与纹理信息的生菜氮素含量检测[J].农业工程学报,30(10):167-173.

郭文川,商亮,王铭海,等.2013.基于介电频谱的采后苹果可溶性固形物含量无损检测[J].农业机械学报,44(9):132-137.

孙俊,张国坤,毛罕平,等.2016.基于介电特性及回归算法的玉米叶片水分无损检测[J].农业机械学报,47(4):257-264.

14 油麦菜信息检测

14.1 样本采集与含水率测定

试验样本选用四季油麦菜,培育于江苏大学现代农业装备与技术省部共建重点 Venlo 型温室。在保证营养元素均衡的前提下,对油麦菜的水分进行精确控制,以获取纯正的不同水分胁迫水平的样本。选用 5 种不同水分水平的样本,每种水平 36 片叶子,5 种水平分别为:第 1 组在生长期保持充足的水分灌溉,第 2、3、4 和 5 组叶片灌溉的水量按照梯度依次减少。由于油麦菜叶片的叶面积大,蒸腾量大且易受气温影响蒸发水分,从温室中采摘完叶片后立即将其依次装入密封食品保鲜袋,并送往仪器实验室利用高精度分析天平(精度为 0.1 g)称取鲜重,然后将叶片放入恒温 80 ℃ 的烘箱中烘干 12 h,直至叶片出现明显的脱水状况为止。此时,分别测量叶片的干重。

通常情况下,表征叶片含水率的方法有两种(毛罕平等,2008;张晓东等,2011):湿基含水率(C_w)和干基含水率(C_d)。由于叶片的鲜重远大于干重,若采用湿基含水率,叶片之间会无明显差异,因此本章节采用干基含水率来表征叶片的水分含量。其中:

$$C_d = \frac{L_w - L_d}{L_d} \times 100\% \tag{14.1}$$

式中:L_w 为叶片鲜质量;L_d 为叶片干质量。

14.2 光谱预处理

选取每片叶子左上角较平整的 64×64 大小的区域作为感兴趣区域(region of interest,ROI),分别计算每个 ROI 内的平均光谱数据并作为样本的光谱值(周竹等,2012),从而得到 180 个样本的光谱数据。由于受硬件影响,得到的高光谱数据在波段开头与结尾部分受噪声的影响较大,因此分别剔除首尾 22 个和 26 个波段,最终采用的波段范围为 965～1 666 nm(208 个波段)。将试验得到的 180 个数据样本按照每个水平 3∶1 的比例划分样本集,其中校正集 135 个样本,预测集 45 个样本。

多项式平滑(savitzky-golay,SG)可以对光谱曲线进行低通滤波,有利于消除光谱噪声并提高信噪比(李金梦等,2014)。标准变量变换(standard normalized variable,SNV)能够消除因散射现象引起的光谱差异,削弱基线漂移和光散射,增强与成分含量相关的光谱吸收信息(汤修映等,2013)。本章节利用 SG 平滑与SNV 变换相结合的方法对 208 个波段下的光谱数据进行预处理,预处理前后的光谱曲线分别如图 14.1(a)和(b)所示。对比两图发现,图 14.1(b)曲线中的毛刺明显减少,且曲线更光滑,该预处理方法达到了很好的效果。

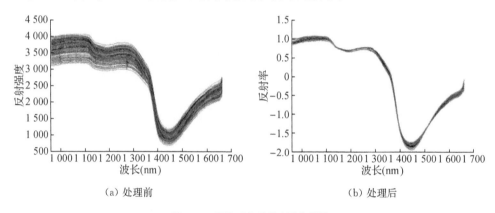

(a) 处理前　　　　　　　　　　　　　(b) 处理后

图 14.1　预处理前后的光谱曲线图

14.3　特征提取

本章节采用 CARS 算法对预处理后的光谱数据进行特征波长筛选,并与逐步回归分析(赵娟等,2015)(stepwise regression,SR)及连续投影算法(袁莹等,2016)(successive projections algorithm,SPA)比较。

14.3.1　CARS 特征提取

本次试验在 Matlab R2012a 软件环境中运行 CARS 算法。由蒙特卡洛交叉验证法选择最优潜在波长变量,其中设置 MC 采样次数为 50,并采用 5 折交叉验证方式。由于 MC 采样具有随机性,故每次运行程序的结果均不相同,若要得到较优的特征波长组合,需经过多次反复试验进行比较。最终得到的最优筛选结果如图 14.2 所示。

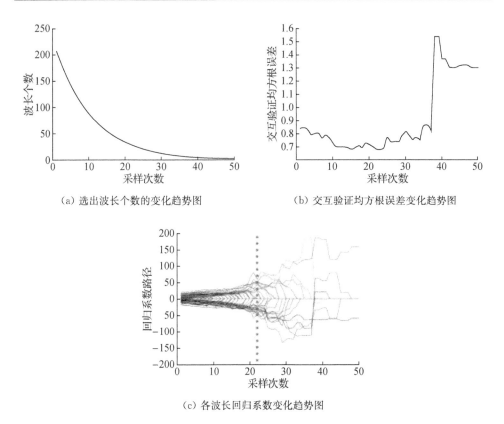

(a) 选出波长个数的变化趋势图   (b) 交互验证均方根误差变化趋势图

(c) 各波长回归系数变化趋势图

图 14.2　CARS 波长筛选过程

从图 14.2(a)可以看出,由于指数衰减函数的作用,在前 15 次 MC 采样过程中波长数有明显减少的趋势,之后逐渐平缓,体现了筛选过程中的"粗选"与"精选"两个阶段。图 14.2(b)为 5 折交叉验证均方根误差的变化趋势图,前 22 次(图 14.2(c))误差呈现递减趋势,表明筛选过程中一些与叶片含水率无关的波长已被剔除,而 22 次以后误差有递增趋势,表明光谱数据中少量的重要信息被剔除。图 14.2(c)中 22 次采样次数时 RMSECV 最小,图中各线表示随着运行次数的增加各波长回归系数的变化趋势。因此,第 22 次采样后所获得的波长被确定为所要选取的关键波长(共 28 个),依次为 973 nm、993 nm、997 nm、1 050 nm、1 140 nm、1 181 nm、1 184 nm、1 188 nm、1 191 nm、1 198 nm、1 237 nm、1 240 nm、1 243 nm、1 259 nm、1 263 nm、1 285 nm、1 310 nm、1 336 nm、1 348 nm、1 354 nm、1 376 nm、1 389 nm、1 392 nm、1 395 nm、1 408 nm、1 414 nm、1 601 nm 和 1 662 nm。

14.3.2　SR 特征提取

利用 SPSS 软件对全光谱数据进行基于 SR 分析的特征波长选取,表 14.1 为

SR 分析筛选特征波长时的各项模型参数。

表 14.1　逐步回归分析波长筛选各参数指标

模型	波长(nm)	调整 R^2	标准估计的误差	显著性
1	1 513	0.607	0.993 26	<0.001
2	1 259、1 513	0.636	0.956 48	<0.001
3	1 198、1 259、1 513	0.643	0.947 11	<0.001
4	989、1 198、1 259、1 513	0.724	0.832 25	<0.001
5	989、1 198、1 259、1 342、1 513	0.743	0.803 77	<0.001
6	989、1 198、1 237、1 259、1 342、1 513	0.775	0.752 35	<0.001
7	989、1 184、1 198、1 237、1 259、1 342、1 513	0.787	0.732 03	<0.001
8	989、1 143、1 184、1 198、1 237、1 259、1 342、1 513	0.795	0.716 77	<0.001
9	989、1 143、1 184、1 198、1 237、1 259、1 342、1 383、1 513	0.801	0.706 81	<0.001
10	989、1 143、1 184、1 198、1 237、1 259、1 310、1 342、1 383、1 513	0.806	0.697 81	<0.001
11	989、1 143、1 184、1 198、1 237、1 259、1 310、1 342、1 351、1 383、1 513	0.816	0.678 91	<0.001
12	989、1 143、1 184、1 198、1 237、1 259、1 310、1 342、1 351、1 383、1 513、1 662	0.825	0.663 30	<0.001
13	989、1 143、1 184、1 198、1 201、1 237、1 259、1 310、1 342、1 351、1 383、1 513、1 662	0.836	0.642 59	<0.001
14	989、1 143、1 184、1 194、1 198、1 201、1 237、1 259、1 310、1 342、1 351、1 383、1 513、1 662	0.840	0.634 49	<0.001
15	989、1 143、1 184、1 194、1 198、1 201、1 237、1 259、1 310、1 342、1 345、1 351、1 383、1 513、1 662	0.843	0.627 58	<0.001

　　从表 14.1 可以看出,通过 SR 分析后共建立了 15 个回归模型,各模型的调整 R^2 随着波长的选入逐渐增加,而标准估计误差依次递减。同时,所有模型的 sig. 值均小于 0.001(小于显著性水平 0.05),表明 15 个模型均具有显著意义,也就是说,光谱数据对叶片含水率均具有较显著的表征。但所有回归模型中,第 15 个模型的 R^2 最大,为 0.843(最接近于 1),说明其拟合度最佳。随着引入波长数的增加,R^2 和标准估计误差的变化趋势趋于平缓,且由于理论上模型中所包含的波长数应尽可能地少。因此,本章节选取第 15 个模型,共 15 个对叶片含水率的影响较显著的特征波长,依次为 989 nm、1 143 nm、1 184 nm、1 194 nm、1 198 nm、1 201 nm、1 237 nm、1 259 nm、1 310 nm、1 342 nm、1 345 nm、1 351 nm、1 383 nm、1 513 nm 和 1 662 nm。

14.3.3　SPA 特征提取

　　利用 Matlab R2012a 软件运行 SPA 程序,设定波长数 N 的范围为 5～30,根据不同波长数下的均方根误差 RMSE 值确定最佳的建模波长个数。图 14.3(a)为

RMSE 值随选取波长数的不同而变化的趋势图。从图中可以看出,随着波长个数的增加,RMSE 值呈现递减趋势。当波长个数大于 9 时,RMSE 值变化不再显著,此时 RMSE 为 0.760 5。由于波长过多容易增加模型的运算量及复杂度,因此本研究选取 9 个波长作为最终特征波长,依次为 1 058 nm、1 383 nm、1 392 nm、1 430 nm、1 507 nm、1 594 nm、1 651 nm、1 655 nm 和 1 666 nm,相应的波长点如图 14.3(b)所示。

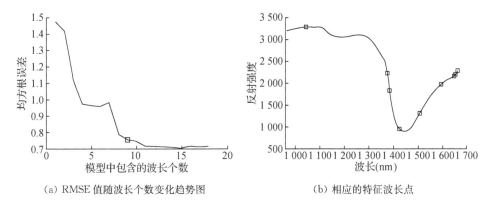

(a) RMSE 值随波长个数变化趋势图   (b) 相应的特征波长点

图 14.3 SPA 筛选最优组合波长结果

14.4 油麦菜水分含量 SVR 建模分析

分别以 3 种不同波长筛选方法 CARS、SR、SPA 获取的特征波长数据作为 SVR 建模分析的自变量,油麦菜叶片干基含水率为因变量,建立 SVR 回归模型。为了更好地分析波长筛选的效果,将全光谱数据也用于建模对比。其中,模型的参数 c 和 g 为默认值,建模结果分别如表 14.2 所示。

表 14.2 不同波长筛选方法下的 SVR 建模结果

波长筛选方法	波长个数	决定系数 R^2		均方根误差 RMSE	
		校正集	预测集	校正集	预测集
无	208	0.879 8	0.754 2	0.034 1	0.073 3
CARS	28	0.917 2	0.859 9	0.023 3	0.039 5
SR	15	0.885 8	0.833 1	0.032 1	0.047 3
SPA	9	0.869 1	0.818 0	0.037 0	0.058 5

模型的预测能力和稳定性由决定系数(R^2)和均方根误差(RMSE)两个参数进行评价。通常一个好的模型应当具备 R^2 高和 RMSE 低的特点(刘洁等,2010;Karunathilaka S R,et al,2017)。由表 14.2 的数据可以发现,全光谱模型比较复

杂,数据量较多,且模型精度相对较低,因此不会将其作为最佳结果。从特征选择的角度看,不同的波长筛选方法对所建 SVR 模型的性能会造成不同程度的影响。

从表 14.2 可以看出,CARS-SVR、SR-SVR、SPA-SVR 模型的预测效果较全光谱 SVR 模型均有不同程度的提升,三者的预测集 R^2 分别提高了 0.105 7、0.078 9 和 0.063 8。在模型复杂度方面,CARS、SR、SPA 这 3 种算法都大大简化了模型,波长个数分别减少了 86.5%、92.8%、95.7%,表明提取的少数波长确实是建模过程中所需的有用信息,虽然减少了模型的运算量,但预测能力却没有降低。在模型精度方面,CARS-SVR 模型的 R^2 最高,RMSE 最低,建模效果最好。综合这两方面,CARS-SVR 模型可以较好地预测油麦菜叶片未知样本的含水率。图 14.4 为 CARS-SVR 模型的校正与预测结果。

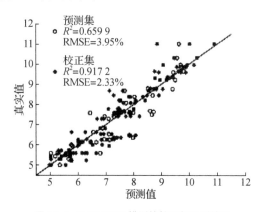

图 14.4　CARS-SVR 模型的校正与预测结果

14.5　油麦菜水分含量 ABC-SVR 建模分析

虽然 CARS 算法比 SR、SPA 具有更好的波长筛选效果,但 CARS-SVR 模型的预测 R^2 为 0.859 9,说明预测精度还有很大的提升空间。因此,引入 ABC 算法对模型的参数 c 和 g 进行优化。ABC 算法中,终止迭代次数设为 100,蜜源最大搜索次数设为 50,参数 c 和 g 的范围均为 $[2^{-4}, 2^8]$。经 ABC 算法优化后,SVR 模型的 c 和 g 分别为 11.113 和 0.128,没有因参数过大或过小造成"过学习"或"欠学习"的状态。优化后模型(CARS-ABC－SVR)的校正集与预测集 R^2 分别提升为 0.942 7 和 0.921 4,RMSE 分别降低为 1.60% 和 2.95%,模型性能得到了提高,证明了 ABC 算法对模型参数优选的作用。图 14.5 为 CARS-ABC-SVR 模型的校正与预测结果。与图 14.4 相比,图 14.5 的样本更集中于回归线($y=x$)附近,拟合效果更佳。因此,最终选取 CARS-ABC-SVR 作为油麦菜叶片含水率的预测模型。

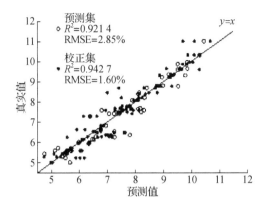

图 14.5　CARS-ABC-SVR 模型的校正与预测结果

14.6　本章小结

（1）利用高光谱图像采集系统获取油麦菜叶片的高光谱图像，通过 ENVI 软件提取所有样本的高光谱数据。采用一种新近提出的 CARS 特征选择算法对光谱数据进行降维，并与 SR 算法和 SPA 算法相比较，建立预测叶片含水率的 SVR 模型。

（2）与全光谱模型相比，特征波段下的模型不仅复杂度降低，模型预测性能也得到了提高。其中，CARS-SVR 模型性能最佳，其预测集决定系数 R^2 为 0.859 9，均方根误差 RMSE 为 3.95%。

（3）通过引入 ABC 算法优化 SVR 的参数 c 和 g，优化后 CARS-ABC-SVR 模型的校正集和预测集 R^2 分别提高到 0.942 7 和 0.921 4，RMSE 分别降低为 1.60% 和 2.95%，模型性能得到了提高。

综上所述，利用 CARS 算法特征选择，经 ABC 算法参数优化，可以极大地提高叶片含水率预测模型 SVR 的性能。故利用高光谱技术结合 CARS-ABC-SVR 模型对油麦菜叶片含水率进行预测是可行的，同时也为农作物叶片的水分检测提供了一种新的思路。

参 考 文 献

毛罕平,张晓东,李雪,等. 2008. 基于光谱反射特征葡萄叶片含水率模型的建立[J]. 江苏大学学报(自然科学版),29(5):369 - 372.

张晓东,毛罕平,周莹,等. 2011. 基于高光谱成像技术的生菜叶片水分检测研究[J]. 安徽农业科学,39(33):20329 - 20331.

周竹,李小昱,陶海龙,等.2012.基于高光谱成像技术的马铃薯外部缺陷检测[J].农业工程学报,28(21):221 - 228.

李金梦,叶旭军,王巧男,等.2014.高光谱成像技术的柑橘植株叶片含氮预测模型[J].光谱学与光谱分析,34(1):212 - 216.

汤修映,牛力钊,徐杨,等.2013.基于可见/近红外光谱技术的牛肉含水率无损检测[J].农业工程学报,29(11):248 - 254.

赵娟,彭彦昆.2015.基于高光谱图像纹理特征的牛肉嫩度分布评价[J].农业工程学报,31(7):279 - 286.

袁莹,王伟,褚璇,等.2016.光谱特征波长的SPA选取和基于SVM的玉米颗粒霉变程度定性判别[J].光谱学与光谱分析,36(1):226 - 230.

刘洁,李小昱,李培武,等.2010.基于近红外光谱的板栗水分检测方法[J].农业工程学报,26(2):338 - 341.

Karunathilaka S R, Mossoba M M, Jin K C, et al. 2017. Rapid Prediction of Fatty Acid Content in Marine Oil Omega-3 Dietary Supplements Using a Portable FTIR Device and Partial Least Squares Regression (PLSR) Analysis[J]. Journal of Agricultural and Food Chemistry, 65(1): 224 - 233.

孙俊,丛孙丽,毛罕平,等.2017.基于高光谱的油麦菜叶片水分CARS-ABC-SVR预测模型[J].农业工程学报,33(5):178 - 184.